SHIWAN GE WEISHENME

十万个为什么 物理王国

新世纪版

宜桂鑫 主编

U0652620

少年儿童出版社

物理分册 主 编 宜桂鑫

（华东师范大学 教授）

撰稿者（排名不分先后）

谢希德	袁运开	宣桂鑫	寿庚如	张希曾
洪镇青	张治国	朱宏雄	朱吾明	林凤生
孙浚隆	龚大卫	李永光	徐在新	周 扃
吴麟初	贺圣惠	湜 介	杨逢挺	张秉德
奚根勇	林 秀	贾冰如	徐青山	杨瑞华
王燮山	晓 舟	徐克明	路 明	汪朗煊
周明德	钱开鲁	谭抒真	杨 谋	程伟民
俞 乐	张世经	林瑞五	朱鸿鹗	陆 栋
吴惟龙	赵易林	陈佩芬	王荣祯	李海沧
黄廷元	姚遐	朱 伟	周 钧	张镜澄
陈嘉榴	王庆文	沈国治	蒋 宜	朱 章
杨世琦				

SHIWANGE

WEISHENME

录

十万个为什么（新世纪普及版）

S H I W A N G E　　　W E I S H E N M E

1

为什么物体的重量会变化

要是有人对你说：一个物体的重量不是固定的，会随着地点的不同而变化，你相信吗？

事实正是这样，把物体放在不同的地点，它们的重量的确会发生变化。

曾经发生过这样一件事：一个商人在荷兰向当地渔民买进 5000 吨青鱼，装上船从荷兰运往靠近赤道的索马里首都摩加迪沙。到了那里，用弹簧秤一称，青鱼竟一下少了 30 多吨。奇怪，鱼到哪里去了呢？被偷是不可能的，因为轮船沿途并没有靠过岸。装卸中的损耗也不可能有这样大。大家议论纷纷，谁也无法揭开这一秘密。

后来，终于真相大白。鱼既没有被偷，也不是装卸造成的损耗，而是地球自转和地球引力开的玩笑。

原来，一个物体的重量，就是物体所受的重力的大小，是由地球对物体的吸引所造成的。但地球不停地转着，会产生一种自转离心力。因此物体所受重力的大小，等于地心引力和自转惯性离心力的合力，应当是地心引力减去自转惯性离心力在垂直方向的分量。因为地球是个两极稍扁的椭球体，越靠近赤道，地面与地心的距离越远，地心引力也就越小；另一方面，越靠近赤道，物体随地球自转产生的自转离心力却越来越大。所以，越是靠近赤道，物体实际所受重力就越小。5000 吨重的青鱼，从地球中纬度的荷兰运到赤道附近的索马里，所受重力必然逐渐减小，难怪过秤时就短少 30 多吨。这里要说明的是：吨是计量质量的单位，但在日常生活和贸易

1

中,吨往往也用作重量的单位。

如果登山运动员从珠穆朗玛峰采集到一块岩石标本,把它送到北京时,它会变得重一点;要是航天员把它带到地球引力所达不到的太空,它又会变得没有重量了。但是,不论物体的重量怎样变化,它们的质量却是不变的。

☞ 关键词:重量　地球引力

1 米 有 多 长

在你的文具盒里,静静地躺着一把透明的塑料直尺,尺面上印着一条条的刻线,1 小格是 1 毫米,10 小格为 1 厘米,1000 小格就等于 1 米长。

米制单位,是国际上通用的长度单位。为什么要使用统一的长度单位呢?古代各国都有自己的长度单位,而且各个时期的长度单位还时在变化。多变的尺子,给制造精密的机器带来了不少的困难。

18 世纪工业革命后,科学技术的迅猛发展,迫使科学家去寻求能保持经久不变的国际统一长度标准。

当时的科学家认为地球的大小是不变的。1790 年,法国科学界测量了地球子午线,提出把从赤道经过巴黎到北极的子午线的一千万分之一作为长度标准,称为 1"米"。人们根据这个长度标准,用铂制成了第一根标准米尺。

1889 年,国际计量会议上正式做出决定,按照第一根标准米尺的长度,用铂铱合金制成了一把截面为 X 形的米尺,

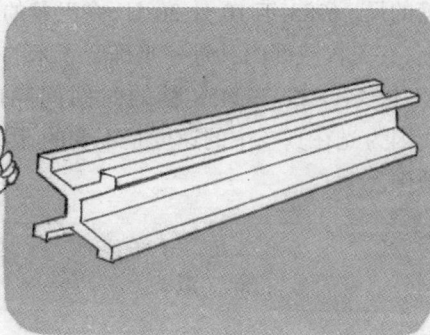

把它作为国际标准米尺。这根国际标准米尺珍藏在巴黎国际计量局。各国复制的标准米尺，规定要定期送往巴黎，与这根国际标准米尺核对。

可是，科学家对这把珍贵的米尺并不感到满意。第一，这根米尺太娇弱，为了保持精确度，必须终年放在恒温室。第二，铂铱合金仍不可避免有热胀冷缩的现象。第三，金属制造的尺，长年累月总不免要被腐蚀、损坏。

近代物理学家研究了光的本质，发现光是以波的形式传播的。不同颜色的光有不同的波长，而且波长极端稳定。用光的波长作为长度标准，有无可比拟的优越性。因此，1960年10月，在第11届国际计量会议上，正式确定米的标准长度，等于氪－86在真空中所发射的橙色光波波长的1650763.73倍。

激光发明以后，由于激光的单色性好、亮度高，用激光的波长作为基准，比用氪－86同位素灯的精确度又提高了100万倍，因此，激光很快就成为科学家理想的"光尺"。

虽然有了激光这把光尺，但科学家还在继续寻找着更加精确的尺。1983 年 10 月 20 日,在巴黎的第 17 届国际计量会议上,有关权威部门又进一步确定了米的标准长度,等于光在真空中在 1/299792458 秒的时间间隔内所传播路径的长度。因为光在真空中的速度是不变的,因此,这把新"光尺"特别精确。

关键词:标准米尺 子午线
　　　　氪 – 86　激光

为什么修筑在山上的公路
都是弯弯曲曲的

　　汽车要从山脚往上开,不可能笔直地开上去,总是沿着弯弯曲曲的盘山公路盘旋而上。这样, 汽车开起来不仅比较安全,而且更加省力。

我们都有这样的生活经验：走路或骑自行车从低处往高处走，比在平地上来得吃力；爬陡的斜坡，又要比爬坡度小的斜坡来得费劲。所以，在爬斜坡时，人们总是想办法将斜坡的坡度变得小些。对于一定高度的斜坡来说，斜坡的斜面越长，坡度就越小。因此，人们往往利用延长斜面的方法来减小坡度，达到省力的目的。

比如，推着装重物的车子上坡时，如果是笔直地往上推，人会觉得很吃力。而有经验的人，往往是弯来弯去沿着 S 形向上推。这样，虽然多走了一些路，但可以少花很多力气。沿 S 形上坡，就是使斜面变长，坡度变小。

还有一个例子，在高大的桥梁两端，都有长长的引桥，有时候，还将引桥造成螺旋形。这都是为了减小桥的坡度，而将桥面伸长。

关键词：斜面　省力　引桥

为什么针容易刺进别的物体里去

用一根大头针刺一张纸，大头针很容易地在纸上刺出一个小孔。要是将大头针反过来，用圆圆的钝头去刺纸，就没那么容易将纸刺破了。这是因为纸受到了大小不同的压强。压强就是单位面积上所受压力的大小。

当我们分别用大头针的针尖和用它的钝头去刺纸的时候，虽然用的力相同，但是纸所受的压强却不一样。用针尖刺的时候，所用的力都集中在小小的针尖上；而用钝头刺的时候,所用的力却分散在面积比针尖大的钝头上。这样,纸受到针尖所加的压强,当然要比受到钝头的压强大。因此,大头针的针尖比钝头更容易将纸刺破。

在生活中有许多增加压强的例子。比如,用针缝衣服、用注射器打针、在墙上钉钉子、用锐利的刀切割东西等等,都是将力集中在较小的面积上,来达到增加压强的目的。

可是,压强过大也常常带来麻烦。

当你在雪地上行走的时候,两脚往往会陷下去,这就是因为身体对雪地的压强太大了。要是穿上一副滑雪板,不仅不会陷下去,还能在雪地上滑行如飞呢。原来,又宽又大的滑雪板,比你的脚的面积增大了 20 多倍,它使你的身体压在雪地上的力分散了。

弄清了这个道理,你就知道为什么坦克和拖拉机的轮子上要安上又宽又长的履带,火车的钢轨为什么要铺在枕木上了。

关键词: 压力 压强

为什么用吸管可以把饮料吸上来

当你用一根吸管喝饮料的时候,你有没有想过:为什么用嘴一吸,水就能沿着吸管跑到我们嘴里来呢?

这主要是依靠大气压力的帮助。

我们知道,在地球的周围包着一层厚厚的空气,称为大气层。哪里有空气,哪里就要受到大气的压力。据测定,在地球的表面，每平方厘米的面积上，所受到的大气压力大约为10牛顿。

　　吸管插在杯子里，吸管的里面和外面都跟空气接触，都受到大气的压力，而且内外受到的大气压力相等，这时，吸管内外的水保持在同一个水平面上。我们含着吸管一吸，吸管里的空气被我们吸掉了，吸管里没有了空气，作用在吸管内水面上的压力就比吸管外水面上的压力小，这样，大气压力就会把饮料压进吸管，使吸管内的水面上升。我们不停地吸，饮料就源源不断地跑到嘴里来了。

　　☞关键词：吸管　大气压力

为什么钢笔能够自动出水

　　当你用钢笔写字的时候，纸上立刻就现出字迹。你可曾想过：为什么你写字的时候，钢笔里的墨水会源源不绝地跑出来，而你不写字的时候，墨水就不出来呢？

　　我们来做一个实验：将

一根细玻璃管插入盛有水的玻璃杯里，水就很快地从细玻璃管中往上升，而且管子里的水面比玻璃杯内的水面还要高。这个现象叫做毛细现象。钢笔就是应用毛细原理加以设计的。它依靠笔身上一系列毛细槽和笔尖上的细缝，把笔胆里的墨水输送到笔尖。书写的时候，笔尖一碰到纸张，墨水就附着在纸上，在纸上留下了明显的字迹。

大气压力

水

　　不写字的时候，钢笔里的墨水为什么不流出来呢？让我们再做个小实验来说明这个问题。用一块硬纸片盖在装满水的玻璃杯上，按住纸片，并迅速地将玻璃杯和纸片一起倒转向下，再轻轻地放开按住纸片的手。只见硬纸片紧紧地吸在玻璃杯上，并托住了满满一杯水。是什么力量托住了硬纸片而使玻璃杯中的水不流出来呢？这就是大气压力的作用，正是大气压力托住了硬纸片和杯中的水。不写字的时候，钢笔里的墨水不流出来的道理也是一样的，因为笔胆外面的大气压力比笔胆里的压力大，所以能够把墨水抵住。

关键词：钢笔　毛细现象　大气压力

8

为什么自来水塔要造得很高

扭开龙头,自来水就哗哗地流出来了。

自来水是从哪里来的呢?你一定会想到深埋在地下的水管。但要追寻水源,那就得循着自来水管,到自来水厂里去看看。原来,那些埋在地下的水管,都是和自来水厂里一座座高高的水塔连接在一起的。

那么,这些水塔又有什么用呢?我们不妨举一个小小的例子。浇花的时候,如果你把水壶稍微侧一点,流出来的水流又细又慢;要是将水壶侧得厉害些,喷出的水流就又粗又急。这是什么原因呢?原来,水越深,压强就越大。水的深度每增加10米,压强就会增加大98千帕(约1个标准大气压)。让水壶侧过来,就是让水面相对于喷嘴的深度加大,水的压强也会跟着变大,水流喷出来时就又粗又急。

我们再来看看高高的水塔。如果一个水塔的高度为10米,另一个水塔的高度只有5米,那么高10米的那个水塔塔底的水流压强,比高5米的那个水塔塔底的水流压强大49千帕左右。倘若两个塔底的出水口大小一样,它们同时开放,压强大的自然比压强小的出水急。因为自来水要供应地势高低不等的各处用户,如果没有足够的压强,地势高处的用户就会得不到水,所以水塔一般都造得很高。

在现代化的大、中城市,由于水网范围宽,管路阻力大,光靠水塔来产生压强是不够的,还得借助于很多加压水泵。

关键词: 自来水塔　压强

9

为什么不倒翁不会倒

大家都有这样的经验:平放的砖头很稳定,把砖头竖立起来就容易翻倒;瓶子里装了半瓶水很稳定,空瓶子或是装满水的瓶子就比较容易翻倒。从上面两个事例来看,要使一个物体稳定,不易翻倒,需要满足两个条件:第一,它的底面积要大;第二,它的重量要尽可能集中在底部,也就是说,它的重心要低。物体的重心可以认为是所受重力的合力作用点。

对任何物体来说,如果它的底面积越大,重心越低,它就越稳定,越不容易翻倒。例如:塔形建筑物总是下面大上面尖;装运货物时,总是把重的东西放在下面,轻的东西放在上面。

了解了这些知识,我们再来看看不倒翁。不倒翁的整个身体都很轻,只是在它的底部有一块较重的铅块或铁块,因此它的重心很低;另一方面,不倒翁的底面大而圆滑,容易摆动。当不倒翁向一边倾斜时,由于支点(不倒翁和桌面的接触点)发生变动,重心和支点就不在同一条铅垂线上,这时候,不倒翁在重力的作用下会绕支点摆动,直到恢复正常的位置。不倒翁倾斜的程度越大,重心离开支点的水平距离就越大,重力产生的摆动效果也越大,使它恢复到原位的趋势也就越显著,所以不倒翁是永远推不倒的。

像不倒翁这样,原来静止物体在受到微小扰动后能自动恢复原位置的平衡状态,在物理学上叫做稳定平衡。而像乒乓球、足球、篮球等球状物体,在受到外力后,可以在任何位置继续保持平衡,这种状态称为随遇平衡。处于随遇平衡的物体,重心和支点始终在同一条铅垂线上,而且重心的高度保持不变。横放在桌上的铅笔，就是一种随遇平衡，不管它滚到哪儿，重心的高度是不变的。

为什么不弯腿就跳不起来

如果有人问你：能不能不弯腿就跳起来？你可能一下子答不上来。那么就现在试一试吧。你会发现，不弯腿根本跳不起

来,浑身的劲就像没处使似的。这是什么道理呢?

原来,在一般情况下,物体的运动都要遵循一定的客观规律,这就是牛顿定律。其中牛顿第三定律告诉我们:物体甲给物体乙一个作用力时,物体乙必然同时给物体甲一个反作用力,作用力和反作用力大小相等,方向相反,且在同一条直线上。比如拍手的时候,右手给左手一个力,左手同时也给右手一个力;桌上放一本书,书对桌面有一个压力,同时,桌面对书也会产生一个支持力。它们都是作用力和反作用力。

我们要从地面上跳起来,必须要使地面对我们有一个作用力。怎样才能使地面对我们施加作用力呢?这就得先要我们对地面有个作用力。我们弯腿、下蹲,然后向上跳,就是在调整腿部肌肉,使肌肉收缩对地面施加力,这样,地面就会同时对我们产生向上的反作用力,借助这个反作用力我们就跳起来了。腿部肌肉对地面的作用力越大,地面对我们的反作用力也越大,因此就跳得越高。如果不弯腿,腿部肌肉无法对地面产生作用力,地面也不会对我们产生反作用力,所以跳不起来。

你有没有看到这样的情景:当一只船要离岸时,在船上的人用竹竿撑岸,用的力越大,船就离岸越远。这也是利用作用力和反作用力的道理。

关键词:牛顿第三定律　作用力　反作用力

为什么走钢丝时要摆动双臂

走钢丝是我国具有悠久历史的杂技节目之一。看过这个节目的人，都会赞叹表演者的精湛技艺。

杂技演员踩在细细的钢丝上，可谓毫无"立足之地"，但他们却能在钢丝上如履平地，灵活轻捷地表演出各种惊险和优美的动作，不时赢得观众们一阵阵的掌声。

杂技演员走在钢丝上，为什么不会摔下来呢？

我们知道，不管什么物体，如果要保持平衡，物体的重力作用线（通过重心的竖直线），必须通过支面（物体与支持着它的物体的接触面），如果重力作用线不通过支面，物体就要倒下来。

根据物体平衡的条件，这就要求表演走钢丝的演员，始终使自己身体的重力作用线通过支面——钢丝。由于钢丝很细，对人的支面极小，一般人很难让身体的重力作用线恰巧落在钢丝上，随时有倒下的危险。杂技演员走钢丝时，伸开双臂，左右摆动，就是为了调节身体的重心，将身体的重力作用线调整到钢丝上，使身体重新恢复平衡。平时，我们也有这样的生活经验：当身体摇晃即将倒下时，我们也会立即摆动双臂，使身体重新站稳。这时，我们也是依靠摆动双臂来调整身体的重心哩。

有的杂技演员在表演走钢丝时，手里还拿了一根长长的竹竿，或者是花伞、拐棍、彩扇等其他东西。你千万别以为这些东西是表演者多余的负担，恰恰相反，这些都是演员作为帮助身体平衡的辅助工具，它们起到了延长手臂的作用。

关键词： 支面　重心　平衡

为什么在高山上煮不熟饭

在高山工作的地质勘探人员和登山运动员，往往会遇到这种尴尬的事情：饭锅里的水已经沸腾了好久，水蒸气直冒，但是，锅子里还是生米饭。这到底是怎么一回事呢？

原来，水和其他液体一样，它的沸点跟压强有关系。压强大，沸点高；压强小，沸点低。高度在海平面附近时，大气压强约为 101.3 千帕，这时，水的沸点为 100℃。但是，到了高山，随着高度的上升，大气压强逐渐减小，水的沸点也开始降低。也就是说，在高山上，水在不到 100℃ 就开始沸腾。根据测量，高度每上升 1000 米，水的沸点大约要下降 3℃。

在海拔 5000 米的高山上，尽管火烧得很旺，饭锅里的水沸腾了，它的水温也不超过 85℃。而在世界之巅——珠穆朗玛峰(约 8848 米)的峰顶上,水在 73.5℃ 左右就达到了沸点。这样的温度,当然不能把生米煮成熟饭。

那么,难道在高山上就只能吃生米饭了吗?当然不是。人们设计了一种适合在高山环境下烧水煮饭的压力锅。用压力锅烧水煮饭,水蒸气无法从锅里跑出来,越积越多,就增大了锅内的压强。当压强达到 101.3 千帕时,水的沸点自然也达到100℃,生米也就能煮成熟饭了。

现在,家里也用上了压力锅,这种压力锅的压强一般控制在 223 千帕左右(约 2.2 个大气压),锅内最高温度可达123℃。用这种压力锅煮饭做菜,既省燃料,又节约时间,给生活带来了不少方便。

关键词: 压力锅   沸点   压强

人潜入深海中身体会被压扁吗

沉入水中的物体,都要受到水的压力。这个压力与水的深度成正比,水深每增加 10 米,水压就增加 98 千帕。也就是说,在每一平方厘米的面积上,要增加 9.8 牛顿的压力。粗略地估计一下,一个成年人的身体表面积约 1.5 万平方厘米,如果潜水员潜入 30 米深的水下时,他身体所受的压力,就会增加到441000 牛顿。在这样大的压力下,潜水员的身体会不会被压扁呢?

不会。因为成年人的身体组织里 60% 以上是水,水是不能压缩的。同时,潜水员在缓慢地潜入水下的过程中,通过从压缩空气筒中吸入空气的办法来不断调节体内气体的压强，使之与他所受到的深水水压相抵消。

水的压力虽然压不垮潜水员，但是人的潜水深度还是有限制的。一方面是因为随着潜水深度增大，水的压强越来越大，一旦水压超过潜水员所携带的压缩空气的压强，潜水员就难以调节体内外压强平衡和维持呼吸了。另一方面是因为在高压环境中工作，潜水员呼吸的是高压空气，其中的氮气会溶解于血液、组织和脂肪中，其溶解量随着气体压力的增高和潜水时间的延长而增多。如果潜水员急速上浮，水的压力减少，血液中的氮气往往会迅速膨胀，成为气泡，阻塞血管或压迫体内组织，引起减压病。氮气在体内迅速膨胀的现象，就像刚打开盖的汽水瓶一样。因此，在深海里工作的潜水员，必须选择正确的方案，并根据自己的体力和水温等因素，调整减压的时间，按一定速度慢慢上升，使体内气泡能够顺利排出体外，就不会患减压病了。

目前，采用给潜水者吸入混合气体和对气体按潜水深度加压的方法，潜水员已能在 300 米深度以内的海洋中活动。

关键词：压力　潜水　压缩空气　减压病　氮气

为什么工程师的眼睛
能"看见"材料内部的应力

眼睛，诗人称它是心灵之窗，而在科学工作者看来，它是窥探自然秘密的利器。

可不是吗？中流砥柱的拦河坝，能截断呼啸而下的洪峰；巍然屹立的火箭发射塔，能抗衡雷霆万钧的发射振动力……这些，无不是工程师用自己独特的职业眼睛，窥见了工程物内部的应力，而配给适量材料的结果。

那么，什么是物体内部的应力呢？根据牛顿第三定律和力的平衡原理，结构物内力的数值必然等于所受外力。在同一构件上，如果把内力的总和除以构件的截面积，得到单位面积上的内力，就是材料内部的应力。

应力，这是看不见、摸不着的东西。为什么工程师的眼睛能"看见"材料内部的应力，而恰如其分地设计工程构件的截面尺寸呢？

原来，变形是力的影子。例如，你用双手拉橡皮筋，橡皮筋被拉长了，说明你用了力。橡皮筋被拉得越长，说明你用的力就越大。应力也有自己的影子——应变，应变就是物体由于受到拉伸（或压缩）应力或剪切应力而产生的形变，应变的大小就是形变量除以构件原来的尺度。工程师正是通过可见的应变，捕获了不可见的应力。

应力与应变的比例关系，是 17 世纪英国物理学家胡克发现的，并提出了著名的胡克定律：在物体的弹性限度内，物体变形的大小与外力成正比例关系。比如，一根 30 厘米长、钢笔粗细的橡皮杆，下端悬挂 10 千克的物体，橡皮杆伸长约 5 厘米；如果悬挂 20 千克的物体，则伸长 10 厘米。

知道了应力与应变的微妙关系，藏在物体内部的应力，尽管"神出鬼没"，也逃不过工程师的"火眼金睛"。

☞ 关键词：应力　应变　胡克定律

为什么杂技演员能用头顶住
从高处落下的坛子

大家都知道,一块小石头从高处落下,就可能打破头。那么一个杂技演员,为什么能用头顶住从高处落下的坛子,而不会受到伤害呢?

原来,当我们要接住一个从上面落下来的物体时,不但要受到物体本身的重力作用,还要承受一个冲力的作用。这个冲力的大小不是固定不变的,它跟物体的轻重和冲过来的速度有关,还与我们使它停止的快慢有关。物体重、速度大和停得快,都会使冲力加大。如果我们有办法使它慢慢地停下来,就能减小这种冲力。

你可以试一下。把一串钥匙向上抛到 3~5 米,等它落下来时,把手心摊平不动,任凭钥匙掉在手上,手心会感到很痛。如果我们密切注视着下落的钥匙,当钥匙快掉到手上时,手也顺势向下移动一小段距离,使钥匙慢慢地停在手中,手心就不感到怎么痛了。可见,用后一种办法去接钥匙,钥匙对手的冲力小。我们称这种作用为缓冲作用。

现在再来看一看杂技演员是怎样表演顶坛的。

杂技演员表演顶坛时所用的坛子通常不过 10 多千克,要是把它顶在头上不动,也不算什么新鲜事儿,几乎人人做得到。如果把坛子抛上去,等它落下来再用头去接,一般人是难以承受的。

如果你仔细观察,会发现杂技演员在用头接坛的时候,他并不是呆立着不动的,而总是先叉开两腿立好马步姿势,当坛落下刚刚碰到头顶时,他就立刻随着坛的下落向下蹲,这就和你用向下移动手的办法去接钥匙一样,头上受到的冲力就不会很大。如果坛从 1 米高落下,并使停止运动的时间延长到 2 秒左右,头上受到的冲力不过 200 牛顿。经过长期训练的人,完全能够承受这样大小的力。

可是,一般没有经过训练的人,仅懂得了道理,决不能冒冒失失地去试一试,那是很危险的!

☞ 关键词:**冲力 缓冲作用**

在高速行驶的火车里，为什么向上
跳起后仍旧会落在原地

在房间的地板上向上跳起来，落下后还在原地。那么在高速行驶的火车里向上跳起后，是不是同样也会落在原地呢？

可能有人会这样想：火车正在高速向前开，当人跳起后在空中的这段时间，火车已经前进了一段距离，人应该落在往后一点的地方。火车开得越快，落下后离开原地的距离就越远。可是事实告诉我们：在快速行驶的火车里，向上跳起后仍旧落在原地！为什么会这样呢？

原来，任何物体都具有惯性，物体的运动要遵照惯性定律。所谓惯性定律，就是牛顿第一定律，即物体在不受外力的情况下，它的运动情况是不会改变的。在快速行驶的火车里，人尽管站着不动，实际上他已经随着火车在前进，而且前进的速度也和火车一样。当他向上跳起的时候，仍然在以同样的速度随着火车前进。因此，当他落下时，仍旧在原来的地方。

曾经有人想了一个"绝妙"的主意，他说：我只要乘着一个气球升上天空，由于地球的自转，就可看到大地在下面急速移动，要是从上海升起，在空中停留一个半小时，再降落下来，不是就到了西藏自治区的拉萨了吗？显然，这是不可能的事。因为我们人、气球、空气……地球周围一切东西，都和地球一起在转呢！

惯性无处不在，当一辆行驶得很快的汽车，突然急刹车，

车里的人就会向前冲；当汽车突然启动时，车里的人又会向后倒。这都是因为惯性。

关键词：惯性　惯性定律　牛顿第一定律

为什么在泥地上骑自行车很费力

在软软的泥地上骑自行车时，自行车的两个轮胎就像是漏了气似的，蹬起来特别吃力。这是什么缘故呢？

想想看，你在雪地里或是在泥沼地里走路时，不也是感到很难起步吗？这是因为脚踏在雪地里或泥沼地里的时候，人的体重就压在脚底那么大的一块面积上，这时候，脚对地面产生了一个较大的压强。因为雪或泥沼地的弹性系数和弹性限度都非常小，也就是说，在不太大的压强的作用下，就会发生较大的形变，而且不能自己恢复原来形状，所以脚就陷进了软软的雪或泥里了。这样，当你再想起步时，就不得不把脚抬得比平时走路时高才行,因此就感到比较吃力了。

在泥地里骑自行车也是这样,由于车轮对地的压强,使泥地被压出了一条深沟。这样,车要前进,首先必须要把自行车的轮子从沟里抬起来。而且泥地越软,车轮陷得越深,深沟对车轮前进的阻碍越大,使自行车前进所需要的推力也越大。所有这些因素都要求人对自行车的踏脚施加更大的作用力。因此,在泥地上骑自行车特别费力。

关键词: 自行车　压强

为什么拔河比赛不是只比力气大

拔河比赛比的是什么?很多人会说:当然是比哪一队的力气大啰! 实际上,这个问题并不那么简单。

从力学原理来看,参加拔河的两个队,他们相互之间的拉力是没有大小之分的,甲对乙施加了多大拉力,乙对甲也同时产生一样大小的拉力;反过来,乙对甲的情况也是如此。这就是所谓的牛顿第三定律,即当物体甲给物体乙一个作用力时,物体乙必然同时给物体甲一个反作用力,作用力与反作用力大小相等,方向相反,且在同一直线上。可见,双方之间的拉力并不是决定胜负的因素。

什么才是真正决定拔河比赛胜负的因素呢?第一,手一定要抓紧绳子,靠手与绳子之间的摩擦力来防止绳子从手中滑脱出去;第二,就是要使地面对队员们的脚底有足够大的摩擦力,来抵抗对方的拉力,并把对方拉过来。可以说,只要手抓紧了绳子,拔河真正的力来自人们的脚下,即脚底和地面之间的摩擦力。怎样才能增大脚底和地面的摩擦力呢?首先,穿上鞋底有凹凸花纹的鞋子,能够增大摩擦系数,使摩擦力增大;还有就是队员的体重越重,对地面的压力越大,摩擦力也会增大。大人和小孩拔河时,大人很容易获胜,关键就是由于大人的体重比小孩大。

当然,在实际拔河比赛中,胜负在很大程度上还取决于人们的技巧。比如,脚使劲蹬地,在短时间内可以对地面产生超过自己体重的压力。再如,人向后仰,借助对方的拉力来增大对地面的压力,等等。其目的都是尽量增大地面对脚底的摩擦力,以夺取比赛的胜利。

> 关键词:拔河 作用力 反作用力
> 摩擦力 牛顿第三定律

为什么穿上冰鞋
能在冰上自如地滑行

滑冰是一项群众十分喜爱的体育运动。当运动员穿着带冰刀的冰鞋,在冰面上飞速滑行时,你也许会问:玻璃面与冰面一样光滑,为什么穿冰鞋只能在冰面上自如地滑行,在玻璃面上却不行呢?

奥妙就在冰刀与冰面之间总是保持着的一层水,它起了润滑油的作用,减小了滑行时的摩擦力。那么,冰刀下怎么会有一小层水呢? 一个重要的原因就是压强的作用。因为冰的熔点会随着压强的增大而降低,人穿着冰鞋站立在冰面上,由于冰刀与冰面的接触面积很小,所以对冰面产生很大的压强,降低了冰的熔点,这就使冰刀下的冰熔化成薄薄的一层水。

但这并不是全部原因。如果一个人的体重为 600 牛顿,冰刀与冰面的接触面积只有 1/1000 平方米,冰刀对冰面的压强约为 6×10^5 牛/米^2。在这样的压强下,冰的熔点将下降 10℃ 左右。在我国北方的冬天里,气温常在 -30℃ 以下,在这样低的温度下,看来仅靠压强的增大是无法化冰为水的。那么又是什么原因导致冰的熔化呢?原来,冰刀在冰面滑行时,由于和冰面的摩擦而产生热,使得冰刀与冰面接触处温度升高,而使一些冰熔化成一小层水。有了水作润滑剂,穿着冰鞋的滑冰运动员就能在冰

24

面上自如地滑行了。

关键词：滑冰　冰鞋　熔化　熔点　摩擦　压强

为什么有些地方的人爱把
重物顶在头上

我们在电影和电视中看到，有些地方的人总爱把水罐、箩筐等重物顶在头上，而不喜欢手提肩挑。这样做是不是很危险？难道这里面有什么科学道理吗？

如果我们仔细分析一下就会发现，把重物顶在头上走路，确实比手提肩挑更省力、更科学些。

人在走路时，要消耗能量。消耗的能量越多，人就感到越吃力；消耗的能量越少，人就感到越轻松。人在走路时消耗的能量主要用在两个方面：一是克服身体的各个活动部分之间的摩擦；另一个则用于克服重力而做功。在平地上走路，也要克服重力做功吗？是的，因为身体重心会随着人的行走而上下移动，用手提着重物时，重物的重心也会跟着上下移动，而且移动的高度与人体重心上下移动的高度几乎是一样的。重心上升时，就要克服重力做功；重心下降时，这部分能量又被转化为脚与地面相碰时产生的声能和热能。因此，人提着重物走路，就必须消耗一部分能量来克服人和重物的重力而做功。如果把重物放在头上，由于人的脊柱具有弹性，重物就像压在一根弹簧上，人行走时，重物的起伏较小，用于克服重物的重力所做的功就少，人消耗的能量也相应减少，因此，人就感到轻松。

有人做过一项有趣的实验，分别测试人头顶重物走路和手提重物走路时的耗氧量，实验结果是：手提重物时的耗氧量比头顶重物时的耗氧量多得多。耗氧量越多，说明人体消耗的能量也越多。由此可知，用头顶重物还蛮有科学道理的呢！

如果经过一些练习，你也能稳稳当当地将重物顶在头上，走起路来轻松自如。

☞ 关键词：重心　做功　耗氧量

为什么湿的手套和袜子
不容易脱下来

每个人都有这样的经验：手套和袜子湿了以后就不容易脱下来。这是什么缘故呢？

手套和袜子在干的时候，织物本身比较松，同时它们对手和脚的附着力也很小，所以我们可以很方便地把它们脱下来。可是，手套和袜子湿了以后，由于水的表面张力使织物绷紧了，同时水对手套、袜子和手、脚又都有一定的附着力，就像胶水似的把它们"粘"起来，所以就不容易脱下来。

刚洗过的脚不容易穿上袜子，也是这个道理。因为刚洗过的脚，皮肤上还附着很多不易觉察的小水珠，它会"抓"住袜子，不让袜子穿上去。

☞ 关键词：附着力　表面张力

为什么荷叶上的水滴都是滚圆的小水珠

你曾注意过这样的事情吗? 夏天,荷叶上溅了水滴,水滴会变成一颗颗晶莹透亮的小水珠,小水珠在荷叶上滚来滚去,就像盘子里滚动着的珍珠一样。

荷叶上的水滴为什么会变成滴溜滚圆的小水珠呢? 原来,水滴表面分子受到内部分子的吸引力,产生了向内部运动的趋势。这样一来,水滴的表面就会尽可能地缩小。缩小到什么程度呢?我们知道,水滴的体积大小不变,只有在成为球体的时候,它的表面才是最小。所以,小水滴就变成球体的小水珠了。

我们再来看看小朋友爱吹的肥皂泡。肥皂泡里包着空气,肥皂泡的里外两个液面也要不断收缩,直到把里面的空气压得不能再小了,它才不再收缩。这时候,肥皂泡就变成一个滴溜滚圆的小球。

液体表面的分子,由于受到内部分子的吸引,而使液体

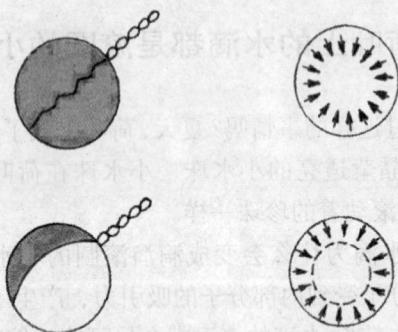

表面缩小的这种趋势，会使该液体表面相邻的部分产生相互牵引，这种相互牵引在物理学上被称为表面张力。我们可以通过一个简单的实验，来看看这种表面张力。

用一个铁丝的框框，上面系一根不是绷得很紧的细棉线，把它放在肥皂水里蘸一下，铁丝框上就会有一层薄薄的绷得很紧的肥皂膜。试着将棉线一侧的薄膜用针刺破，另一侧的薄膜就会立刻缩小，棉线因为失去了一侧薄膜产生的表面张力，而在另一侧薄膜的表面张力作用下，呈现弯曲的弧形。

任何液体的表面都存在着表面张力，在这种表面张力的作用下，液体表面就好像蒙上了一层绷紧的膜。夏天，水面上常有许多小虫自由自在地跑来跑去，就是依靠水面上绷紧的这层水膜。

☞ 关键词：水滴　肥皂泡　表面张力　水膜

为什么乒乓球拍两面
的颜色不一样

打乒乓球,除了取决于运动员挥拍的技术以外,球拍起的作用也很重要。对一个乒乓球运动员来说,球拍好比是战士手里的武器。

随着世界乒乓球运动的不断发展,各种打法和技术也在不断创新,而乒乓球拍的种类也越来越多了。

最初,打乒乓球都是用木板球拍。由于木质制成的球拍缺乏弹力和摩擦力,打球速度很慢,只是推来推去,在偶尔出现高球的时候,才能猛攻一下。

后来出现了胶皮球拍。胶皮面上布满了一粒粒软体的小颗粒,跟球接触的时候,不像木板拍那样只接触球上的一点,而是一个曲面,这就扩大了球拍与球的接触面积,增加了对

球的摩擦力。在击球的时候，可以使球产生旋转，沿弧线飞行，提高了打球的技术。

1952年，出现了海绵球拍，使打球技术又有了进一步发展。因为海绵很柔软，里面布满细微气孔而富有弹性，击球时，球接触到海绵，在弹力的作用下，出球的速度加快，力量增大。但是，纯海绵的球拍，由于摩擦力不够，不容易控制球的准确性和产生球的旋转。于是有人想出一个好办法：在海绵层上再贴一块不超过2毫米厚的带胶粒的胶皮，这种球拍既有海绵的弹性，又有胶皮的控制球的黏性。

贴在海绵上的胶皮也是有讲究的，有的是正贴（颗粒在外），有的是反贴（颗粒在里）。这就涉及到两种球拍不同的物理特性，以及运动员对球拍的不同要求。

比如，快攻型运动员一般都选用正贴胶皮结合海绵的球拍。因为正贴胶皮比反贴胶皮的反弹力强，它颗粒在外，胶皮与球接触面小，停留的时间短，出球速度快，这就有利于快攻型运动员加快进攻速度和力量。

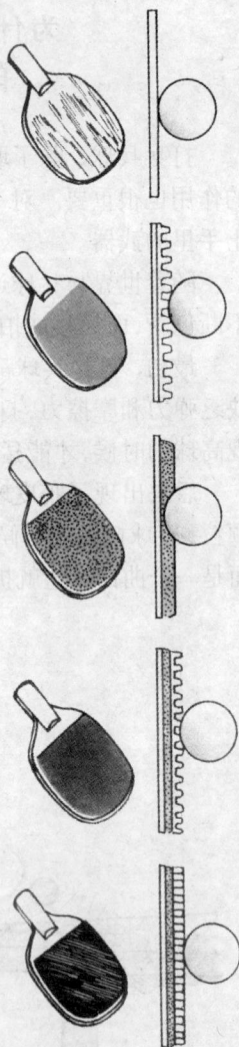

而反贴胶皮结合海绵的球拍，则更适合于拉弧圈球和削球运动员使用。弧圈球是上旋转，削球是下旋转，这两种打法都着重于发挥旋转。反贴胶皮颗粒在里，它的表面富有黏性，击球的时候，球拍与球的接触面积大，对球产生的摩擦力也较大，更有利于发挥旋转的特点。同时，因为它的胶皮面和海绵层之间多一层胶粒，胶粒层之间有许多空隙，当球拍跟球接触时，球拍表面向里凹得更厉害，球拍和球的接触面更大，摩擦力也随之加大，运动员正好可以利用摩擦力，使球旋转得更厉害。

小小的乒乓球拍上，竟有这么多的学问。可是球拍两面的颜色为什么又不一样呢？原来，有的运动员使用一面是正贴，一面是反贴的球拍，在比赛时，还不断变换正反面，使击出的球让对方难以捉摸。

为了使乒乓球比赛更有观赏性，国际乒乓球联合会在新制定的规则中，对球拍上海绵和胶粒的厚度、胶皮的长度等，都做了一系列限制性的规定，其中有一条规定就是球拍两面正贴和反贴的胶皮，必须用不同的颜色。

关键词：乒乓球拍　摩擦力　弹性

投掷铁饼时，为什么运动员要旋转身体

在田径运动会上，投掷手榴弹和标枪的运动员，大都是采用助跑的方法，在快速奔跑中把投掷物投掷出去。这是为

了使投掷物在出手以前就有较高的运动速度，再加上运动员有力的投掷动作，投掷物就能飞得更远。

投掷铁饼时，运动员被规定在投掷圈内，在直径只有2.5米的投掷圈里，运动员根本无法跑动，如果站在那儿不动，把处于静止状态的铁饼投掷出去，那是投掷不远的。要使铁饼在出手前就有一定的运动速度，运动员必须采用在原地转体的投掷动作，来加快铁饼的出手速度，提高投掷成绩。同时，铁饼在出手时，有了一定的转速，由于转动惯性，铁饼在空中运行时会保持转动，减少空气阻力。

推铅球和投掷铁饼一样，也是规定在投掷圈里进行。铅球比较重，男子用的铅球约7.26千克，女子用的铅球也有4千克。怎样使铅球在出手以前就有一定的运动速度呢？铅球运动员大都是先把上身扭转过来，背向投掷方向，然后摆腿、滑步、前冲，再用力推出去。通过这一系列的动作，铅球在推出前就已具有一定的运动速度。

关键词：铁饼　铅球　转动惯性

为什么枪筒、炮筒里有
一圈圈的螺旋线

在枪炮刚发明的时候，枪筒和炮筒里面都是光溜溜的，没有螺旋线。那时候，枪弹和炮弹打出去以后，一个劲儿地朝前窜，可就是命中率太低。有时候，枪弹和炮弹刚飞出不远，就倒翻起跟头，掉了下来。这是什么原因呢？原来，在枪弹和炮弹飞行的过程中，由于受到空气的阻力，枪弹和炮弹总是东倒西歪，很难射中目标。弄得不巧，枪弹和炮弹就在空中翻起跟头来。

原因是找到了，可还得拿出解决问题的办法。许许多多的枪炮专家为此伤透了脑筋。

后来，人们从孩子们玩的陀螺中得到了启发。任何物体如果绕着自身旋转起来，由于转动惯性，会保持转动轴线的方向不变。这样，它就像陀螺一样，不会东倒西歪了。于是，有人建议在枪筒和炮筒的内壁，刻上一圈圈螺旋线。这样，当枪弹和炮弹沿着这一圈圈的螺旋线射出以后，就会绕着自身的轴线像陀螺似的高速转动，它们在空中飞行时就不会东倒西歪，而是直指目标，一弹中的。

陀螺转得越快越不容易倒，枪弹和炮弹在飞行时，旋转得越快，方向也就越稳定。因此，现代步枪的枪筒内，大都刻着四条螺旋线，子弹钻出枪口的时候，每秒钟竟可旋转 3600 次哩！

关键词：枪筒　炮筒　转动惯性

33

为什么排球运动员要滚翻救球

在排球比赛中，运动员为了扑救一个险球往往是倒地滚翻，将球救起。在平时训练中，运动员也要一次次地做滚翻训练，练习摔跟头。

原来，摔跟头也很有学问。人在倒地的一瞬间，速度很快，触地时所受到的冲撞会很厉害。如果用手指、手掌或胳膊等处来硬撑，由于这些部位是人体较脆弱的地方，加上受力面积又小，强大的冲击力，难免会引起脱臼、骨折等损伤。为了避免受伤，触地的部位就显得格外重要。如果倒地时，主动把身体缩成一团，让身上相对结实些的肩、背触地，再顺势做一个滚翻，就加大了受力的面积，减小了压强，使身体不易受到伤害。再加上滚翻动作又可以使人比较容易地马上站起来，恢复原来的平衡姿势，真是"一举三得"。

懂得了摔跟头的学问，我们万一不小心摔了一跤，在倒地时，千万不要用手来硬撑，也来个就势一滚，就可以尽量减小损伤。

关键词：滚翻　受力面积

为什么"香蕉球"会沿弧线飞行

如果你经常观看足球比赛的话，一定见过罚前场直接任意球。这时候，通常是防守方五六个球员在球门前组成一道

"人墙"，挡住进球路线。进攻方的主罚队员，起脚一记劲射，球绕过了"人墙"，眼看要偏离球门飞出，却又沿弧线拐过弯来直入球门，让守门员措手不及，眼睁睁地看着球进了大门。这就是颇为神奇的"香蕉球"。

为什么足球会在空中沿弧线飞行呢？原来，罚"香蕉球"的时候，球在空气中前进的同时还不断地旋转。这时，一方面空气迎着球向后流动，另一方面，由于空气与球之间的摩擦，球周围的空气又会被带着一起旋转。这样，球一侧空气的流动速度加快，而另一侧空气的流动速度减慢。物理知识告诉我们：流动的气体，流速越大，压强越小。由于足球两侧空气的流动速度不一样，它们对足球所产生的压强也不一样，于是，足球在空气压力的作用下，被迫向空气流速大的一侧转弯了。

所以，球技高超的足球运动员在罚球时，都不是拔脚踢中足球的中心，而是稍稍偏向一侧。若用脚踢在球心的左边，球会向右转弯；踢在球心的右边，球将向左转弯。这就是"香蕉球"的秘密所在。

☞ 关键词：香蕉球　流速　压强　压力　旋转

为什么溜溜球能自动返回手中

溜溜球是很有趣的健身玩具。玩溜溜球时，用手抓住绕在溜溜球短轴上的绳子的一端，把球向下扔出，球随着缠绕它的绳子一圈圈松开，转了起来。当绳子全部拉直时，溜溜球又会转上来，并使绳子沿相反方向缠绕在短轴上，直至回到手上。

再次将球扔出去,球又会转回来,如此往复,乐在其中。

为什么溜溜球能自动返回手中呢?这里有个重要的力学知识,就是物体的动能和势能可以互相转换。当球在手中时,球的动能等于零,势能最大。球从手中扔出去时,溜溜球开始一边转动一边向下运动,并在重力的作用下,越转越快;动能不断增大,同时,溜溜球随着位置的不断下降,势能不断减小,这时,溜溜球的势能转变成了动能。待到溜溜球转到最低点时,溜溜球的动能最大,势能最小,这时,溜溜球转动得最快。到达最低点后,溜溜球又会沿着绳子向上转,将绳子沿原来的相反方向缠绕在短轴上。随着溜溜球的上升,它的转动速度越来越慢,这时,溜溜球的动能又不断转换成势能,直到转至最高处停止转动,溜溜球的动能为零,势能却最大。

根据机械能守恒定律,在没有外力或外力做功等于零时,物体的机械能总和不变。这样溜溜球应该回到原来的位置上。但是,在溜溜球转上转下的运动中,由于空气的阻力和绳子与短轴之间的摩擦力,会损失掉一部分能量,如果不补充能量,溜溜球将上升不到原先的高度。所以,在玩溜溜球时要有一定的技巧,不断地给溜溜球补充一些能量。怎样补充能量呢? 在溜溜球转到最低点,绳子将要开始向上缠绕的一瞬间,用手将绳子往上提一下,使溜溜球的转速更快些,增加一点动能。这样,溜溜球就能上上下下转个不停。

关键词:溜溜球 动能 势能
机械能 机械能守恒定律

为什么猫从高处跌下
时能稳稳落地

猫有一个十分惊人的本领:从高处跌下时,不仅不会摔死,还能稳稳地落地。它的绝技就是空中翻身。你看,猫刚跌下时,还是背脊朝下、四脚朝天,可就在它落地的一刹那,已经变成背向上、脚朝下了,再加上它那双有着厚厚肉垫的爪子和富有弹性的腰腿,当然就能稳稳地在地面“安全着陆”了。

早在 19 世纪末,就有一位物理学家对猫的空中翻身绝

技产生了兴趣，他通过高速摄影拍下了猫的整个下落过程，发现猫在下落时仅用1/8秒就翻过身来了。我们知道，如果没有外力矩作用，原来不转动的物体是不会转动的。猫在开始下落时没有转动，在下落过程中又不受外力矩作用，它应该一直保持原来的姿势着地。那么，猫是怎样在空中完成翻身动作的呢？于是，有人把这完全归功于猫尾巴的功能。认为猫在下落过程中，快速地向一个方向甩动尾巴，由于力学中的角动量守恒原理，猫的身体就会朝另一个方向翻转。但是，通过计算人们发现，如果猫的空中翻身仅仅依靠尾巴的甩动，那猫的尾巴在1/8秒内至少要转上几十圈才行，这岂不是与飞机的螺旋桨一样了？

于是，一些物理学家又忙碌起来，他们又是摄影又是录像，并且从理论上提出模型，用电脑进行计算。得出的结论是：猫在落下的过程中，是通过它的脊柱依次向各个方向弯曲来实施转体。图

中我们可以看到,当双手握住猫的四肢,将手松开时,猫的角动量等于零。猫在下落的过程中,尽管受到重力的作用,由于重力作用在质心上,因此外力矩为零,所以,猫在下落过程中的任一时刻,都要保持角动量等于零。当猫从高处落下时,猫会本能地旋转身体,这时,猫的尾巴伸展并且朝着相反方向甩动,以保持猫的总角动量为零。由于猫的脊柱比较灵活,它在旋转身体的时候,还可巧妙地使身体和四肢收缩、伸展,调节整个身体的质量分布,保持角动量为零,以达到转身的目的。

　　在体操和跳水比赛中,运动员要在腾空后短短几秒钟内,完成各种空翻加转体的高难度动作。虽然这些动作比猫翻身复杂得多,可道理却是大同小异。航天员在太空航行时,由于处于失重状态,身体会飘浮在空中,也必须学习猫空中翻身的绝技,用同样的办法来完成前进、后退、转身等一系列动作。

关键词:猫　空中翻身　角动量守恒原理

为什么轮船总是逆水靠岸

自行车有刹车,汽车和火车也有刹车,那么轮船有"刹车"吗?

如果你乘轮船,就会发现一个很有趣的现象:每当轮船要靠岸的时候,总是要把船头顶着流水,慢慢地向码头斜渡,然后再平稳地靠岸。特别是顺流而下的船只,当它们到达目的地时,并不立刻靠岸,而是先要绕一个大圈子,使船逆着水流方向行驶,然后才慢慢地靠岸。

这里有个简单的算术题,你不妨先算一下。假如水流的速度是 3 千米/时,船要靠岸时,发动机已经停了,船的速度是 4 千米/时,这时候要是顺流,船每小时行几千米?要是逆流呢?

你脱口就可以说出答案,那就是:顺流时,船每小时行 7 千米;逆流时,船每小时行 1 千米。

既然要使船停下来,究竟是速度为 7 千米/时的船容易停下来,还是速度为 1 千米/时的船容易停下来呢?当然是船速越慢越容易停下来。

这样看来,让轮船逆水靠岸,就可以利用水流对船的阻力起一部分"刹车"作用。当然,轮船也装有"刹车"的设备和动

40

力，例如，当轮船靠码头或运行途中发生紧急情况，急需停止前进时，就可以抛锚。同时，轮船的主机还可以利用开倒车来起"刹车"作用。

👉 关键词：轮船　刹车　速度　阻力

为什么两艘平行向前疾驶的
大轮船会相撞

　　1912年秋季的某一天，当时世界上最大的远洋轮船——"奥林匹克号"正航行在大海上。在离"奥林匹克号"100米远的地方，有一艘比它小得多的铁甲巡洋舰"豪克号"与它平行疾驶着。这时却发生了一件意外事情：小船好像被大船吸过去似的，完全失控，一个劲儿地向"奥林匹克号"冲去。最后，"豪克号"的船头撞在"奥林匹克号"的船舷上，把"奥林匹克号"撞了个大洞。

　　是什么原因造成这次事故呢？我们先来做个实验。左手和右手各拿一张练习本的纸，使两张纸互相平行，中间间隔约2厘米。用嘴对着中间空隙处吹气，你会发现两张纸会相互吸合起来。这是因为空气的流速越快，产生的压强就越小。对着两张纸的中间吹气时，中间空气的流速变快，压强变小。这时，作用在纸的两侧的空气压力比作用在中间的空气压力大，在两侧的空气压力作用下，两张纸就吸合在一起了。要是停止吹气，两张纸就分开，回到原来相互平行的位置上。

　　通过这个实验，我们就不难找到"奥林匹克号"出事的原

因了。原来，当两艘船平行向前航行着的时候，在这两艘船中间的水比外侧的水流得快，因此水对两船内侧的压强比对外侧的压强要小。于是，在外侧水的压力下，两艘船会互相靠近。由于"豪克号"比"奥林匹克号"小得多，于是"豪克号"一头撞在了"奥林匹克号"上。

通过这次事故，人们从中吸取了深刻的教训。为避免类似事故发生，人们对航行中的船速和船与船之间的间距都做了严格的规定。

关键词：轮船　空气的流速　水流速度　压强

为什么疾驶的公共汽车
后面的尘土特别多

在干燥的天气里，我们经常可以看到：在疾驶着的公共汽车后面总是会飞扬起滚滚的尘土，汽车走远了，尘土也就随着消失。这是什么道理呢？

我们常常在电视的动物世

界节目中看到这样的画面：在茫茫的大海里，一条巨大的鲸游了过来，它的后面激起滚滚的浪花。而如果是小鱼儿在水里游动时，水面却不会激起什么浪花。这是因为鲸的身体很大，在水中要占据很大的地方，当它往前游时，它所离开的地方马上就会有水补充进来，因此在鲸的尾部常常出现巨大的浪头。而小鱼儿的体积要小得多，在它离开的地方所补充进来的水也很少，所以无法激起浪花。

同样的道理，汽车也要占据一定空间，它要排开同样体积的空气。当汽车飞快地前进时，在车身刚经过的地方马上就有空气补充进来，因此空气就由两旁和后面向这个地方涌来，形成一股涡流，空气的涡流夹带着马路上的灰尘，紧跟在汽车后面，因此我们常常看到汽车后面飞扬起滚滚尘土。这时候，如果我们把汽车后面的窗子打开，那么空气必然带着尘土，一个劲儿地往车厢里挤，因此公共汽车后面的窗子，大都是不能打开的。

而人走路时身体后面却没有什么尘土。这就像在水里游动的小鱼儿不会

激起浪花一样,人的体积比较小,被人体所排开的空气也就比较少,再加上人行走的速度又不像汽车那么快,所以我们走路时不用担心会有尘土跟着你。

关键词: 汽车　涡流

为什么水也能"削铁如泥"

水是液体,它没有固定的形状。人们常用柔情似水来形容温柔的程度。可是,科学工作者却使水变成了坚硬的"刀",不但用来挖泥、采矿,甚至用它来切削钢板。

人们发现,高压水流在撞击物体表面最初的百万分之几秒时,瞬间的压力非常大。利用高压水流的这个特点,人们制造了采煤用的高压水枪。当高压泵将水压升高到几百兆帕,就可以将煤层中的煤冲落下来。冲落下来的煤与水一起用泵提升到地面。这种方法叫水力采煤。

用水来切削钢板,问题远比采煤复杂得多。因为薄钢板的极限强度可承受大约700兆帕的压强,将水压增加到如此高的压强时,再好的密封设备也很容易磨损而导致渗漏。为了解决密封问题,科学家们在水中加入了5%的可溶性乳化油,这样既起到润滑作用,又提高了密封效果。同时对密封的高压泵也做了特殊的处理,在双层密封环中注入油液,利用油液在高压下黏性变得很大的特点,保证高压水泵设备的密封性。

其次是水没有固定的形态,因此当水从喷管喷出后,会立即散开。密集的水柱一散射,不仅降低了水的压力,而且也不能准确地进行切削。于是科学家们设法在水中加了一些长链聚合物,如聚乙烯氧化物。水分子依附在这种长链聚合物上,使喷嘴射出的水流宛如黏起来的一条长线,在射出很长一段距离内不会散开,并保持着强大的压力。

遇到的第三个问题是,由于水流压力大,喷管上喷嘴的强度要高,同时孔径要小,使喷出的水流能准确无误地命中目标。现在高压水的喷嘴是用高级硬质合金、蓝宝石、金刚石等材料制成,其孔径仅有 0.05 毫米,而且孔内壁光滑平整,能承受的水流压力可达 1700 兆帕。

用水作"刀"有许多优点。首先是它的用途很广,钢板、铜板、玻璃、塑料等,都可以用"水刀"来加工;其次它切削材料的切面光滑,不会像锯子那样留下毛口,也不像激光和乙炔那样使被切削的部分的温度升高而变形;在切削某些化工合成材料时,还不会放出有毒气体或产生尘烟,甚至不会将材料淋湿,因为水一穿而过的速度非常之快。

现在,有些国家已将高压水切削工艺投入实际使用,随着科学技术的进步,"水刀"的应用将越来越广泛。诸如用"水刀"来消除部件的陶瓷涂层,用于冲孔和粉碎材料,清洗船体及螺旋桨表面的附着物,甚至还可以用于外科手术。

关键词: 水刀　高压泵　压强

为什么滑水运动员站在水面上
不会下沉

　　看到滑水运动员在水面上乘风破浪快速滑行时,你有没有想过,为什么滑水运动员站在滑板上不会沉下去呢?

　　原因就在这块小小的滑板上。你看,滑水运动员在滑水时,总是身体向后倾斜,双脚向前用力蹬滑板,使滑板和水面有一个夹角。当前面的游艇通过牵绳拖着运动员时,运动员受到一个水平向前的牵引力。同时,运动员站在滑板上,并用力向前蹬滑板,运动员就通过滑板对水面施加了一个斜向下

的力,而且,游艇对运动员的牵引力越大,运动员对水面施加的这个力也越大。因为水不易被压缩,根据作用力与反作用力的原理,水面就会通过滑板反过来对运动员产生一个斜向上的反作用力,正是这个反作用力支撑着运动员不会下沉。当然,这个反作用力在水平方向的分力又会成为运动员向前滑行的阻力,但是,游艇的牵引力可以用来克服这部分阻力。

因此,滑水运动员只要依靠技巧,控制好脚下滑板的倾斜角度,就能在水面上快速滑行。

☞ 关键词:滑水　作用力　反作用力

为什么帆船在逆风条件下
也能前进

在水天一色、江风劲吹的水面上,百舸争流、乘风破浪的场面煞是壮观。这时候,你是否注意到:帆船在扬帆前进时,除了能顺风疾驶,逆着风也能前进。我们知道,帆船在顺风行驶时,是依靠风对帆的作用力,推着船向前进;但在逆风的条件下,帆船为什么仍旧能前进呢?

其实,在逆风中行舟,也是依靠风来作为船的动力,这就要求水手要调整好船身和船帆的方位,巧妙地利用力的合成与分解原理,让风使上力。

假设有一股强烈的逆风从正前方吹来,船上的水手顺势把船头和帆面分别调整到 B 和 P 两个不同方向上,以迎战这股逆风。风吹在帆上,风力 W 分解成两个互相垂直的分力 P′

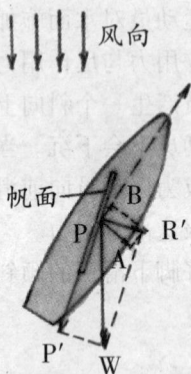

风向

帆面

B

P R'

A

P' W

和 R'。其中分力 P'沿着帆面吹拂，对帆船不产生影响，另一个分力 R'垂直作用于帆面上。这个正压力 R'又可以分解为两个互相垂直的分力 A 和 B。而分力 A 恰好与船身垂直，这个力沿横向推动船，又因在横向上，水对船的阻力很大，故沿横向推动船的力 A 与水对船的阻力相抵消。R'的另一个分力 B 沿船的纵向，正是这个力构成了帆船前进的动力。综上所述，当水手将船和帆调整到恰到好处时，帆船在逆风和水的阻力的联合作用下，反而得到了前进的动力。这时，船虽然前进了，但由于船头倾斜了一个角度，小船将偏离航向。这不必担心，等船行驶一段距离，再将船头和帆转向另一侧来迎候逆风，仍旧可从逆风中获得动力。因此，我们看到小船在逆风中都是沿着迂回曲折的 S 形前进。

帆船在逆风中行驶时，怎样使船和帆调整到最佳位置，以便

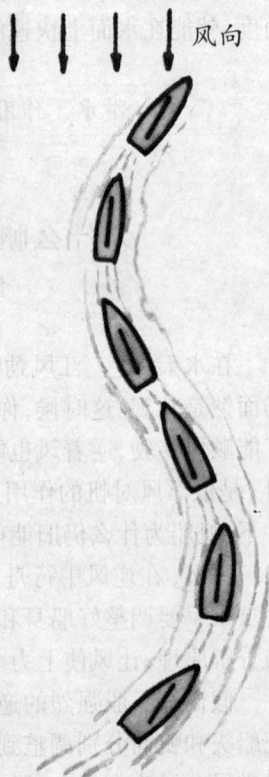

风向

从逆风中获得最大的动力呢？实验表明，如果将帆面调整到在风与船身夹角的平分线上，帆船可以获得最大的动力。可要将帆面调整到风与船身夹角的平分线上可不是一件容易的事，这完全得靠水手多年的行船经验，正所谓：逆"风"行舟，不进则退。

关键词：逆风　力的合成与分解　分力

为什么风筝能飞上蓝天

在风和日丽的时候，许多人都喜欢到郊外或公园去放风筝。当五彩缤纷、造型各异的风筝在蓝天上翱翔，人与大自然融为了一体，这对放风筝和看风筝的人来说，都是一种美的享受。

那么，风筝为什么能飞上蓝天呢？如果你留心观察就会发现，风筝总是迎风而飞，而且风筝的"身体"总是斜向下的，这就是风筝能飞上天的关键。首先，风筝总是迎着风飞，风吹在风筝上，就会对风筝产生一个压力，而且这个压力垂直于风筝的面。因为风筝的面是斜向下，所以迎面吹来的风对它的压力是斜向上的。风筝的分量很轻，空气的这种向上的压力足以把风筝送上蓝天。在风很小的时候，放风筝的人常常牵着风筝线迎风奔跑，或站在原地不断地拉动风筝线，利用勒线来调整风筝面向下倾斜的角度，这都是为了增大空气对风筝的向上压力，使风筝飞得更高。

风筝有大有小，形状也是各种各样的，它的下边往往还加

49

了一些纸条或穗做成的尾巴。从物理学角度来说，这是为了使风筝的重心向下移，可以提高风筝的平衡性能，使它飞得更加平稳些。

☞ 关键词：风筝　压力　重心　平衡

为什么烟囱能排烟

烟囱是建筑物的一个重要组成部分，它的历史源远流长。11世纪时，挪威国王奥拉夫三世在皇宫的角落里安装了带烟囱的壁炉，被作为一件大事记载下来。在法国西部丰特弗罗修道院里，至今还可以看到在厨房的屋顶上耸立着20个铅笔尖形状的烟囱，与古罗马式的教堂建筑统一和谐，是世界上现存的最古老的烟囱。

我们知道，烟囱是用来排烟的，有了带烟囱的壁炉和火炉，烧煤、烧炭时，就可以将烟迅速地排到室外，使人免受浓烟呛鼻之苦。

烟囱排烟的道理并不复杂，炉子在燃烧时，炉内的空气会受热膨胀，空气的密度变小，就渐渐地上升进入烟道，并沿着烟道前进。热空气一走，炉内的空气变稀薄了，于是炉外的冷空气就会乘虚而入，源源不断地补充进来，带来的新鲜氧气使炉火烧得更旺。所以，烟囱除了排烟，还有助燃的功能。熊熊的炉火使空气不断变热，推着原来的热空气继续上升。当热空气被推出烟囱口后，由于它要比周围的冷空气轻得多，所以被很快地吹散开来了。这样在炉子和烟囱组成的烟道里，形成了一

股冷空气不断受热膨胀、热空气不断上升的气流,从而把烟和各种废气排了出去。

一般来说,烟囱高一些,通风效果更好。因为气体在较高的烟囱里有充分的时间扩散,从而使热空气与外界的冷空气密度有更大的差异。随着冷热空气压强差的加大,冷空气流入炉内,热空气排出烟囱口更为畅通。

当然,烟囱也不是越高越好,气流运行快了,带走的热量也多,甚至连炉子也会因温度下降过多而熄火呢。所以,设计烟囱的时候,要根据实际情况,通过科学的计算才行。

关键词:烟囱　膨胀　空气流动

为什么自来水管有时会发出隆隆响声

当你用完自来水,突然关上水龙头,有时会听到水管里发

出隆隆的响声,这响声究竟是怎么一回事呢?

我们知道,自来水是在自来水厂经加压(或水塔)送入到各家各户的。由于水很难被压缩,经加压后的水在水管里流动具有很大的冲击力,水压越大,冲击力也越大。当你突然将水龙头关闭,正在流动的水流就会因撞上水龙头里的阀门,而受到阀门的反作用力,使水流向回流动,同时在阀门附近产生局部真空区域,因该区域压强远小于水管里水的压强,水又流了回来,这样,水流在水管里来回冲击。如果冲击得猛烈,水管本身又没能很牢固地固定在墙上,就会使水管发生振动,发出隆隆的响声。水压越是高的区域,发生此类情形的可能性就越大。

为了避免水管产生振动,发出隆隆的响声,在安装水管时,一定要将水管牢牢地固定在墙上。如果你在使用自来水时,遇到了这种情况,可将自来水龙头重新拧开,然后再慢慢地将水龙头关紧。

关键词: **自来水　振动　水压**

什么是高楼风

当你徜徉在拔地而起的高楼大厦旁，常常会感到有阵阵风骤然袭来。这风强度不小，方向捉摸不定，大抵是顺着建筑物的侧面和背面流动，人们常称之为高楼风。

那么，为什么会产生这种奇怪的高楼风呢？为了说明这个问题，让我们做一个小小的实验。右手取一支点燃的香烟，左手拿一根筷子，上端固定一个空的火柴盒。当你对着火柴盒吹气时，可以看到袅袅上升的青烟会被火柴盒的背面猛吸过去。你知道这是为什么吗？事实上，这就是高楼风形成的原因呢！

原来，当空气在流动的时候，遇到高楼大厦的迎面阻挡，大楼就会对空气气流产生一个阻力，从而使气流发生变化：即在大楼的正面，气流的压强增大；而在大楼的背面，气流的压强会大大地降低，从而产生了许多无规则的涡流。这样一来，在建筑

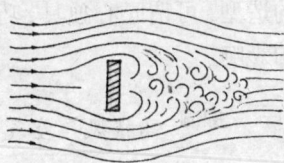

53

物的周围,空气形成了前强后弱的压强差,由此产生了一股贴着墙走的高楼风。当然,别处的高压气流也会朝大楼的背面流动,所以,高楼风的方向变幻不定,十分复杂。

在上述实验中,当你对火柴盒吹气后,火柴盒背面的空气压强减小,因此把烟吸引过去了。

至于在高楼林立的建筑群中,建筑物与建筑物之间构成了无数分布无规则的狭窄通道,这些通道中的气流速度十分大,这种气流的剧烈运动,使高楼风愈演愈烈。

高楼风不仅影响人们的正常工作和生活,而且还有可能危及到建筑物本身。随着城市人口的剧增,在城市高楼密集度提高的状况下,减小高楼风的影响正成为建筑设计的重要课题之一。

实践表明,如果将楼房建成一座座火柴盒似的建筑物,虽然造价降低,使用率也高,但是从避免高楼风的观点来看,是不太适宜的。因此,要缓解高楼风的影响,楼群总体规划的布局相当重要。位于上海浦东陆家嘴金融贸易区的金茂大厦,高420.5米,共88层,是目前世界上第三高楼,它是一件后现代建筑风格的佳作。建筑师巧妙地将中国传统建筑风格与世界现代建筑潮流有机结合,锯齿形楼面使高楼风很好地分流。

现今,世界各国大城市的高层建筑的风格和造型层出不穷,有的大楼盖成越往上越细的尖塔形,有的将楼顶建成不对称向一侧倾斜的斜坡形,有的则把楼群配置成起伏状。这些奇特的造型,可谓匠心独具、巧夺天工,还可以很好地缓解高楼风的影响。

☞ 关键词:**高楼风 空气流动 涡流 高层建筑**

为什么水斗出水口的水流
总朝一个方向转

我们不妨来观察一个奇异的现象：水斗放水时，在水斗的出水口周围，水总是沿着逆时针方向旋转。即使用手将水沿顺时针方向转一下，水流会越转越慢，过一会儿，又沿着逆时针方向旋转起来了。

这是什么原因呢？其实，这是地球自转所造成的。我们知道，地球总是在不停地自转，它自转一圈需要 24 小时。通过计算可以得到：在赤道上的任一点，自西向东转的速度约为 465 米/秒，而在北京的转动速度为 356 米/秒。因此，地处北半球的物体，位置越靠近北，随地球转动的速度就越小。假如有一股水由北向南流，由于原来自西向东转动的速度比较小，它就会向西偏；而假如是由南向北流，原来自西向东转动的速度大，它会因惯性保持原来较快的速度而往东偏。其实，水斗出水口周围的水是从四面八方流来的，从北向南流的水向西偏，从南向北流的水向东偏，结果，水

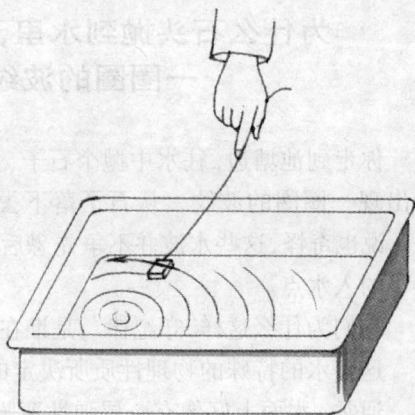

就沿着逆时针方向旋转起来。想一想，住在南半球的人会看到什么情况呢？他们观察到的结果与我们恰好相反，水斗出水口周围的水总是沿着顺时针方向旋转。

法国物理学家科里奥利首先注意到这种现象，并从实验和理论上进行了全面的研究。后人将这种形成旋涡的力，命名为科里奥利力。

科里奥利力对人类的生活有一定的影响。在北半球，河流的右岸被冲刷得比较厉害，就是科里奥利力推着河水横向走的缘故。类似的，火车沿南北方向行驶时，也总是右侧的铁轨被冲击得厉害。科里奥利力还影响地球表面空气的运动，在科里奥利力的作用下，会产生能量巨大的旋转气流，龙卷风就是其中的一种。

关键词：科里奥利力　旋涡　地球自转

为什么石头抛到水里，水面会有
一圈圈的波纹

你走到池塘边，往水中抛个石子，波平如镜的水面，马上会出现一圈圈的波纹，从石子落下去的地方向四周扩散开去。说也奇怪，这些水波并不争先恐后，而是很有秩序地离开石子的入水点。

它们为什么这样"守纪律"，是谁在指挥它们呢？

这是水的特殊的物理性质所决定的。

通常，水面上好像有一层弹性薄膜似的，一处上下振动，就会带动邻近的水面跟着振动,"邻近的"又带动着"邻近的",这样依次带动的结果,就产生了有规则的、一圈紧挨一圈的水波,一直传向远方。

水波中的每一个水分子,都是在不断地做上下起伏的振动。假若能把水面一刀剖开来看看它的纵断面,那么你会发现这是一条有规则的波动曲线,这证明了水波的确是一种波。

水波是一种机械波,是我们肉眼可以看得见的波,世界上还存在着多种多样看不见的波,如声波、超声波、光波、无线电波等,它们都是波的"一家人"哩!

关键词:机械波　水波

远处的钟声,为什么夜晚和清晨
听起来比白天更清楚

许多大城市都矗立着巨大的报时钟,悠扬的钟声,向周围的人们准确地报告着时间。

你若是一个有心人就会发现:夜晚和清晨,钟声听上去很清楚,一到白天,钟声听起来就不太清楚了,有时甚至听不见。有人可能会说:这是因为夜晚和清晨的环境安静,而白天声音嘈杂。

这样的解释,只说对一部分,并不完全。另一个重要原因是声音会"拐弯"。

声音是靠着空气来传播的。它在温度均匀的空气里,是笔

直地往前跑；一碰到空气的温度有高有低时，它就尽拣温度低的地方走，于是声音就"拐弯"了。

白天，太阳把地面晒热了，接近地面的空气温度远比空中高，钟声发出以后，走不多远就往上拐到温度较低的空中去了。因此在一定距离以外的地面上，钟声听起来就不清楚，再远一点，人们就听不见钟声了。夜晚和清晨，空气的冷热情况正好相反，接近地面的气温比空中低，钟声传出以后，就顺着温度较低的地面推进，于是，人们在很远以外也能清晰地听到钟声。看来，"夜半钟声到客船"还真有点科学道理哩！

声音的这种脾气，会造成一些有趣的现象。在炎热的沙漠里，地面附近的温度极高，如果在 50～60 米以外有人在大声呼喊，只能看见他的嘴在动，却听不到声音，这是由于喊声发出后，很快就往上拐到高空中去了。相反，在冰天雪地里，

地面附近的温度比空中来得低，声音全都沿着地面传播，因此人们大声呼叫时，能传播得很远，甚至在 1000～2000 米以外也能听见。

有时，由于接近地面的空气温度忽高忽低，声音也会跟着拐上拐下，往往造成一些较近的区域听不到声音，更远的地方反而能听到声音。1815 年 6 月，在著名的滑铁卢战役中，战斗打响以后，部署在战场附近的 25 千米处的格鲁希军团竟无一人听到炮声，因此没能按作战计划及时赶来支援拿破仑。而在更远的地方，隆隆的炮声却清晰可闻。声音的传播性质竟影响到一个战役的胜败。

关键词：**声音传播**

为什么登山运动员攀登高山时
不能高声喊叫

登山是一项极富挑战性的体育运动。登山运动员在攀登高山时，总是默默无言地前进，不许高声喊叫。这是为什么呢？

高山上一年到头覆盖着皑皑白雪，而且又经常不断地下雪，每下一次雪，积雪层就加厚了一些。积雪越厚，下层所受的压力也就越大，下层的雪就被压得密实起来，变成为雪状的冰块。同时，不断增厚的积雪又像一条棉被似的盖在山上，使底层的热量散发不出去，因此，积雪底层的温度常常比积雪表面的温度高出 10～20℃，再加上底层的雪所受的压力又较大，这样，底层就会有一部分冰雪化成了水。

高山积雪层的底部有了水，就好像给冰雪层涂上了润滑

雪层

水

油，使冰雪层随时都可能滑下来。如果有一块大石头掉下来，或者哪里传来一种振动，都会使积雪层崩塌下来，把沿途所有的东西都埋葬在里面。这就是可怕的雪崩。

人在高声喊叫的时候，会发出多种频率的声波，通过空气传递给积雪层，往往会引起积雪层的振动。如果有一种喊叫声的频率，恰好与积雪层的固有振动频率接近或相同，就会形成共振，使积雪层发生强烈的振动而崩塌下来。这对登山运动员来说，是很危险的。因此，"禁止高声喊叫"就成了登山队的一条戒律。

关键词：登山　雪崩　共振

为什么浮在水面的东西
不随着水波向外漂

在河边，我们可以看见流水能够把飘浮在水面上的东西带走。但在池塘里，一圈圈向外传播的水波却不能把水面上一片小小的落叶带走，落叶只是在原地随着水波上下起伏。这是什么道理呢？

原因很简单。水是由分子构成的，在波浪传到的地方，每个水分子都被迫运动。它们先是往上升起，同时往前运动；上

升到一定高度后，转而下降，在下降的过程中，水分子是先向前再向后运动；下降到一定高度后，水分子又转而上升，在上升的过程中，水分子是先向后，再向前运动，并回到了原来的出发点，水分子就是这样在竖直面上打着圈子运动。粗看起来，好像水跟着波浪在走，实际上，水分子只不过是在原地振动。因此水波向外传播时，并不能把浮在水面上的东西带走。这有点像风吹在麦田上引起的麦浪，看起来，好像麦株跟着麦浪在走，事实上，麦株并没有挪动位置，只是麦穗在风的作用下依次"点头弯腰"罢了。

关键词：振动　水波

为什么大队人马不能迈着整齐的步伐过桥

历史上曾经发生过这样两起事件，第一件事发生在拿破仑率领法国军队入侵西班牙时，有一支部队从铁链悬桥上经过的时候，军官喊着口令：

"一、二、三、四！"

随着口令，士兵们在桥上跨着整齐而有力的步伐。当他们快走近对岸的时候，突然轰隆一声响，桥的一头跌入了大河，把所有的士兵和军官都抛进了水里，淹死了很多人。

还有一件事发生在俄国圣彼得堡，一支部队在经过丰坦卡河上的大桥时，也是跨着有节奏的步伐，同样发生了桥坠人亡的事件。

这究竟是什么原因造成的呢?

是共振。桥梁有自己的固有振动频率,当一大队人迈着整齐的步伐过桥,脚步产生的周期性作用力也有一定的频率,如果这个作用力的频率,接近(或等于)桥的固有振动频率时,就会发生共振。共振的结果就是桥的振动越来越强,到最后超过了桥的承受能力时,桥梁就倒塌了。

在日常生活中,桥梁不仅要供人行走,还要让各种车辆通行,汽车对桥梁产生的作用力比人的脚步要大得多,但是,由于汽车产生的作用力不是周期性的,而且桥上还有其他车辆和行人,它们产生的作用力也没有一定的节奏,因此,彼此可以抵消一部分振动,不会使桥产生共振,也就没有什么危险了。因此,世界各国都有这样一条同样的规定:军队过桥时不能迈着整齐的步伐。

在生活中,共振现象经常发生。例如:荡秋千要调整身体下蹲和立起的频率,让秋千发生共振,秋千才能越荡越高;而爬梯子的时候,要一会儿爬得快,一会儿爬得慢,这是为了避免我们的脚步使梯子发生共振,而使梯子产生剧烈的晃动。

关键词: 桥梁 共振 固有振动频率

为什么沙子会排列成美丽的图案

被称为经典声学之父的德国科学家克拉尼,一度醉心于研究弦乐器的发音原理。为了揭示提琴琴板的振动规律,他从最简单的正方形平板做起,进行了一系列有趣的实验。

克拉尼取一块正方形平板，将板的中心固定，板上均匀地撒上一层细沙，用手指夹住板某一边的一点或两点，另一只手用抹上松香的琴弓自上而下地用力摩擦相邻的一边，使板振动。每次摩擦后，立即使琴弓脱离平板，并继续摩擦板的同一部位，直到平板发出鸣响，然后减轻摩擦的力度以维持平板的响声。这时，就可以观察到平板上的沙粒翻滚跳跃，逐渐聚集，并形成美丽的花纹，称为克拉尼图案。手指夹住平板的部位和点数不同，沙子形成的图案也不同。而且每种图案都与一种特定的音调相联系。用圆形、三角形、五边形的平板做实验，也可得到类似的结果。

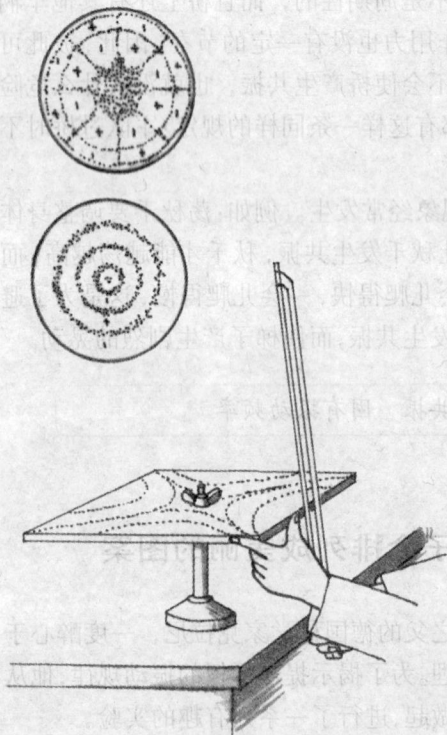

克拉尼图案实际上是驻波的形象图。平板上的沙粒总是聚集在不振动的波节处。这些波节是由许多节点连成的，称为节线，也就是克拉尼图案中的波纹线。对于正方形或圆形平板，这些波纹线的形状和位置可以用数学方法准确计算。但提琴琴板、锣、钹、钟等乐器，已不是简单的二维平板，它们的音乐特性不仅取决于形状大小，而且与材料、加工工艺等多种因素有关，只能通过实验来测定。可见，制作一把高品质的提琴需要高超的技巧。

古往今来，人们用耳朵听声音，如今声音可借助沙粒显示出来，真是奇妙无比。难怪当克拉尼在金属平板上展示丰富多彩的克拉尼图案时，拿破仑高兴地说："我'看到'了克拉尼的声音。"

关键词：驻波　克拉尼图案

为什么耳朵凑近空热水瓶口
能听到嗡嗡声

你有这样的经验吗？将耳朵凑近空热水瓶、空瓶子或空水杯等容器口，就会听到嗡嗡声。这是什么缘故呢？这些空容器里并没有什么发出声音的东西呀！

这种现象在声学上称为共鸣。共鸣就是声音的振动引起的共振现象。比如，两个发声频率相同的物体，如果彼此相隔不远，那么使其中一个发声，另一个也就有可能跟着发声，这就是共鸣产生的效果。

我们可以将这些空容器里的空气看做空气柱，空气柱也是一个发声体，当容器口周围有一个频率适当的声音，那么空气柱就会产生共鸣，而使这个声音大大加强。物理学家深入研究后发现,只要有一个波长等于空气柱长度的 4 倍,或三分之四、五分之四……的声音传入容器后,就能引起共鸣。普通热水瓶内部高度大约是 30 厘米, 可以算出, 如果有波长为 120 厘米或 40 厘米、24 厘米……的声音传入热水瓶,都会引起共鸣。

我们周围是一个声音世界, 无时无刻不存在各种波长的声音:人和动物的声音,风和流水的声音,机器和车子的声音……就是在宁静的夜晚,也有从远方传来的各种声音,只是它们比较微弱,我们不容易听见罢了。在这许多声音里,总有可以引起各种容器共鸣的声音。微弱的声音引起容器中空气柱的共鸣,声音就被加强了。一般总是同时有多种波长的声音在那里面发生共鸣, 这就是我们的耳朵凑近空热水瓶等容器口时,所听见的嗡嗡声。空气柱短,引起共鸣的声音的波长也短,因此,一个小瓶子发出的嗡嗡声要比热水瓶发出的尖锐。

如果容器有所破损,使原有的空气柱的完整性遭到某种破坏,那么,共鸣的声音也会有所变化。因此,人们往往通过聆听空热水瓶发出的嗡嗡声来检查瓶胆是否有所破损。

关键词: 共鸣　共振　空气柱

为什么鱼洗里的鱼会喷水

洗,是我国古代用来盛水和洗东西的盆形器皿。而喷水鱼洗,则是在洗的口檐上对称地安了两个环耳,底部铸有四条鲤鱼花纹。当鱼洗里盛满水,用双手去摩擦洗的两个环耳时,四

条鲤鱼的口中会喷溅出水珠，喷溅的高度可达50厘米以上。喷水鱼洗为什么会喷水呢？

原来，当用双手缓慢而有节奏地摩擦环耳时，实际上是在给鱼洗传递能量。当摩擦力引起的振动频率和洗壁的固有频率接近或者相等时，壁面产生共

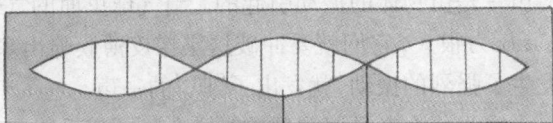

波腹　波节

振,振幅会急剧增大。壁面的振动引起水的振动,在水中引起水波。这水波向前行进遇到另一部位的壁面时被反射。于是,入射波和反射波相互叠加形成了驻波。在驻波中,各点的振幅并不相同,其中振幅最大的点称波腹,最小的点称波节。

一个圆盆形的物体,发生低频共振时,可以产生四个波腹和四个波节,也可以产生六个或八个波腹、波节。但通常用手摩擦最容易达到数值较低的共振频率,也就是产生由四个波腹和四个波节组成的振动形态。四个波腹处水的振荡最为强烈,以致跃出水面形成喷溅的水珠。喷水鱼洗中,就是将四条鲤鱼的鱼口设置在四个波腹处,一旦双手摩擦环耳的频率达到了这个共振频率,四个波腹处就会喷溅出水珠,看起来,就像水珠是从鲤鱼的口中喷出来似的。

喷水鱼洗的设计如此巧妙,充分反映了我国古代劳动人民的聪明才智。

关键词: 洗 驻波 共振

为什么小溪会潺潺地响

小朋友都喜欢吹气球,气球吹得太大了,它会"叭"的一声破掉。为什么气球吹破的时候会"叭"的一声响呢?

声音是由物体的振动引起的。当气球里面的气体装得太多了,压力很大,它们就要冲破这层橡皮薄膜喷出来,这时气体发生了强烈的振动,就发出了"叭"的一声。

小溪为什么老是潺潺地响?这个问题似乎跟我们吹气球

没有什么关系,仔细一分析,道理却是一样的。因为小溪的水从高处往下流时,会将一部分空气裹在水里,在水里形成了许多小气泡,小气泡破裂时就发出响声。同时,小溪里的水冲到石块或凹凸不平的地方,也会引起空气的振动,空气振动就会发出声响来。在山石陡峭的峡谷里,这种潺潺的水声还会在山谷间回荡,不绝于耳哩。

关键词: 振动　声音

子弹和声音谁跑得快

一放枪,子弹"嗖"地飞出去了,同时有很响的声音发出。子弹在飞行的时候,不断地冲击着空气,同时伴随着呼啸声。

有人说,子弹射出枪口的速度大约是 900 米/秒,声音在空气中传播的速度一般是340米/秒，子弹的速度是声速的2倍多，当然是子弹跑得快。

真是这样吗？我们再来看看，子弹在飞行过程中，不断地跟空气发生摩擦，它的速度会越来越慢；可是声音在空气中的速度，一般却很少变化。那么到底是谁跑得快呢？

还是让我们来看看子弹和声音的赛跑吧！

第一个阶段，从子弹离开枪口到600米内的距离，子弹飞行的平均速度大约是450米/秒，子弹跑得比声音快得多，遥遥领先。在这段距离里，如果听到枪声，子弹早已越过了你，飞到前面去了。

第二个阶段，从600米到900米的距离里，由于空气的阻力使子弹的速度减慢，子弹已经不及声音跑得快了，这时，声音逐渐赶了上来，两个赛跑者几乎肩并肩地到达900米的地方。

第三个阶段，在900米以后，子弹越跑越慢，声音后来居上，终于超过了子弹。到了1200米的地方，子弹已经累得精疲力竭，快要跑不动了，声音却远远地跑在前面了。这时候，如果你听到了枪声，子弹还没有到你的面前哩！

赛跑的结果，子弹只能获得900米以内的冠军，而最后的冠军却属于声音。

关键词：声速　子弹

70

为什么声音在水中
传播的速度比在空气中快

声音看不见也摸不着，而我们的耳朵却能听到声音。声音是物体的振动引起的。当物体发生了振动，物体会把自己的振动传给紧挨着它的空气，使空气里的分子也振动起来，这些空气又带动它前面的空气跟着振动，这样逐步传播到人的耳朵里，耳朵里的鼓膜也随着振动，人就听到了声音，所以空气能传播声音。在真空中，声音就无法传播。站在月球上，即使有人对着你大声喊叫，你也听不见一丁点声音，因为月球上没有空气。

除了空气能传播声音，液体、固体等许多东西也都能够传播声音。当人走到河边，河里的鱼一听到人的脚步声就会立刻躲开，这就是水在传播声音。水不仅能够传播声音，它传播声音的速度比空气传播声音的速度要快得多。科学家测量过，在0℃时，声音在空气中的传播速度是 332 米/秒，在水中的传播速度是 1450 米/秒。为什么声音在水中比在空气中跑得快呢？

原来，声音的传播速度跟介质的性质有密切的关系。声音传播过程中，介质分子依次在自己的平衡位置附近振动，某个分子偏离平衡位置时，周围其他分子就要把它拉回到平衡位置上来，也就是说，介质分子具有一种反抗偏离平衡位置的本领。空气和水都是声音传播的介质，不同的介质分子，反抗本领不同，反抗本领大的介质，传递振动的本领也大，传递声音的速度就快。水分子的反抗本领比空气分子的大，所以，声音在水中的传播速度比在空气中大。铁原子的反抗本领比水分子还要大，所以，声音在钢铁中传播速度更大，达到5000米/秒。

👉 **关键词：** **声音传播　声速　介质**

为什么夜晚在小巷里走路时会发出回声

夜晚，一个人在小巷里行走，除了自己的脚步声以外，还会听见一种"咯咯"的声音，好像有人跟着似的，总让人有点提心吊胆，莫名紧张起来。

其实，你只要懂得了其中的科学道理，就不会再疑神疑鬼了。人在地面上走，会发出脚步声，脚步声碰到小巷两侧的墙壁，就像皮球似的被弹回来，形成回

声。大白天,人来人往,回声被来来往往行人的身体吸收了,或者被周围的嘈杂声淹没了,因此只能听到单纯的脚步声。

在夜深人静的时候,情形就不同了。这时,人在小巷里走,除了听见自己的脚步声,还能够清晰地听到小巷两侧墙壁反射回来的回声。小巷很窄,脚步声的回声碰到墙壁后,还会继续发生反射,巷子越窄,反射的次数也就越多,这时可以听见一连串"咯咯"的回声,这叫做颤动回声。

在我们生活中,任何现象和事物都包含有一定的科学道理,只要你平时做个有心人,多开动脑筋,就会从你的身边,学到更多的科学知识。

关键词: 回声　颤动回声

为什么回音壁会传播声音

北京的天坛,以它宏伟庄严的建筑艺术而闻名世界,吸引游客的还有那令人称奇的回音壁和三音石。去过天坛的人,都会为它奇妙的传声现象而惊叹不已。

我们知道,平时说话时,相距五六米就听不清楚了。而站在天坛回音壁围墙的一侧轻声说话,围墙另一侧的人也能听得一清二楚,他们之间足足有 50 多米远呢! 还有奇怪的事情呢,如果站在回音壁中心的三音石上拍一下手,你可以听到连续两三次的拍手声。为什么会产生这些奇妙的传声现象呢?

这是回声在帮忙! 三音石正好是在回音壁围墙的圆心上,在三音石上发出的声音会均匀地传播到围墙的各个部分,并

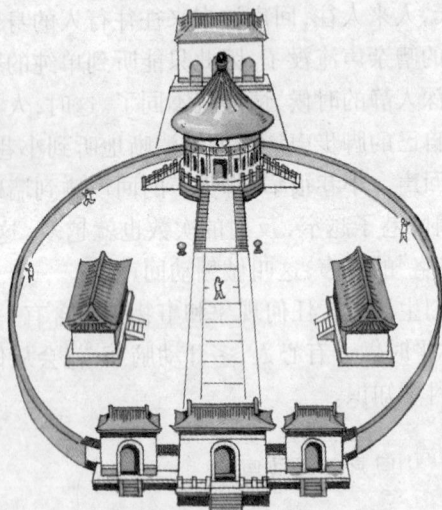

被围墙反射回来。反射回来的声音又都经过圆心，所以在三音石上可以听到很响的回声。反射后的回声，经过圆心后，又继续沿着圆的半径传播，当它们碰到了对面的围墙又会被反射回来，于是，我们就听到了第二次、第三次回声。

天坛回音壁的砖墙坚硬光滑，是一个很好的声音反射

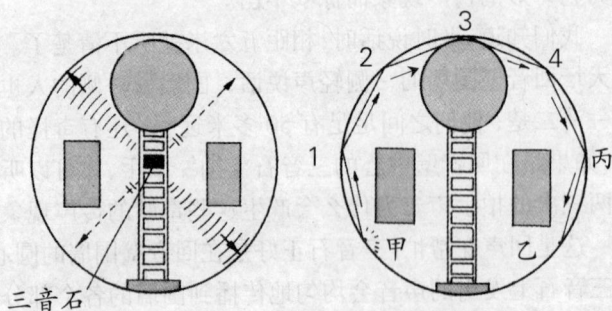

三音石

体。像图中画的那样，当人们在围墙的一侧甲处讲话时，声音沿着围墙传播到 1 点，又从 1 点反射出来，沿着围墙传播到 2 点，再依次传播到 3 点、4 点等位置，最后到达回音壁另一侧的乙处。由于砖墙对声音的吸收很少，所以声音在围墙上被不断反射，不像在空气中传播时容易散开、减弱，从甲处发出的声音虽然已经传播了很远的路程，到达乙处时，听起来还很清楚，而且声音好像就是从邻近的丙处传来的。

关键词：三音石　回音壁　回声

为什么空气中会产生
强大的冲击波

一架超音速飞机正以 1100 千米/时的速度，在离地面 60 米的低空飞行，当飞机飞过一幢楼房附近时，突然，这幢楼房像被什么东西猛击了一下，轰然倒塌了。这件事发生在超音速飞机问世不久的 20 世纪 50 年代。人们在调查这次事故的原因时，发现竟是空气中传播的一种波在作怪。

当轮船在水上驶过时，会激起波浪。同样，飞机在空气中飞行时，也会激起空气，使空气向四周传播，我们称之为气浪。飞机的速度越高，引起气浪就越强烈。尤其是当飞机的速度比声音传播的速度还要快时，飞机前方的空气在极短促的时间内，一下子被气浪压缩，使得这个区域里的空气的压强变得特别大，密度和温度也特别高。这个区域内空气的振动状态，带着非常巨大的能量，又迅速地由近及远地向四周传播开去,形成特别强烈的气浪。伴随着霹雳般的轰鸣声,强烈的气浪就像一颗重磅炸弹从空中降临地面,把障碍物冲倒、压垮。人们称这种强烈的气浪为冲击波。

由于冲击波的强度随着传播的距离逐渐减弱,所以,高空飞行的超音速飞机对地面影响很小。但是,如果飞机在低空或超低空以超音速飞行时,冲击波产生的危害就在所难免了。轻则把门窗玻璃震碎、把烟囱震倒,重则能把一大片建筑物夷为平地。

除了超音速飞机外,在空气中高速运动的其他物体,例如甩动鞭子时的鞭梢、刚出膛的子弹和炮弹甚至空中落下的陨星,都能产生冲击波,只是冲击波能量的大小差别很大。据说,位于加拿大魁北克省的温卡巴陨星坑,就是由一颗质量为 10 万吨的陨星,以极高的速度下落到地面时产生的冲击波炸出来的。炸出的这个坑足足有 435 米深,直径达到了 3.5 千米。冲击波的威力超过了原子弹的爆炸。而鞭梢和子弹引起的冲击波,只是发出一声清脆的响声和一阵啸声而已。

☞ 关键词: 超音速飞机　气浪　冲击波

什么是超声波

19 世纪时,德国科学家克拉尼通过实验得出:2 万赫兹是人耳所能听到的声波的上限。后来人们就把这种超过 2 万赫兹的人耳不能听到的声波叫做超声波。

超声波有两个很重要的特性:第一是它的定向性。由于超声波的频率很高,所以波长很短,因此它可以像光那样沿直线传播,而不像那些波长较长的声波会绕过物体前进。超声波碰到障碍物就会反射回来,通过接收和分析反射波,就可以测定障碍物的方向和距离。在自然界里,蝙蝠就是用口器发出超声波,用耳朵接收反射波来判辨障碍物的,因此它在漆黑的岩洞里能够飞翔自如,还能准确无误地捕捉到小飞虫呢!

超声波的第二个特点是它在水里能传播很远的距离。在空气中,3万赫兹的超声波前进24米,强度就减弱过半;而在水里,它前进44千米强度才减弱一半,是空气中传播距离的1800倍左右。由于光和其他电磁波在水里步履维艰,走不了多远,因此超声波便成了探测水中物体的首选工具了。

第一次世界大战的时候,德国潜水艇凭借浩瀚的海洋做掩护,频频袭击英国和法国的巡洋舰。此时,法国科学家朗之万心急如焚,他经过苦心钻研,发明了一种叫声呐的仪器。声呐由超声波发生器和接收器两部分组成。发声器主动发出超声波,接收器接收并测量各种回声,通过计算发出和收到信号的时间间隔,来发现各种目标。精密的主动声呐不仅能够确定目标的位置、形状,甚至还能分析出敌潜艇的许多性能呢。

在和平的年代里,声呐还被用来探测鱼群、测定暗礁、港口导航等。用现代的侧扫声呐来考察海底的情况,它能清晰地把海底地貌描绘到图纸上,画出精确的“地貌声图”,误差不超过20厘米。

同样的道理,把超声波送入人体,产生的反射波经过电子设备的处理,会在荧光屏上显示出清晰的图像,把人体内脏的大小、位置、彼此间的关系和生理状况反映得清清楚楚。大家熟悉的医院里常做的 B 超检查,就是用 B 型超声波来检查肝、胆、胰以及子宫、盆腔、卵巢等重要内脏器官，及时发现其中的结石、肿瘤等病变，利用超声波，医生还能对怀孕妇女腹中的胎儿进行检查。

超声波检测的原理应用到工程上，就是超声探伤。只要向工件发射一束超声波，遇到工件内隐藏的裂纹、砂眼、气泡等，超声波就会发生不正常的反射波，再小的缺陷也逃不过它的检测，超声波成了工程师明亮的"眼睛"。

☞ 关键词：超声波　声呐　B超　超声探伤

为什么超声波能清洗精密零件

随着科学技术的发展，精密零件的清洗工作也越来越重

要。对于那些形状复杂、多孔多槽的零件,像齿轮、细颈瓶、注射针管、微型轴承、钟表零件等,用人工清洗,既费时又费力。对于一些特别精密的零件,像导弹惯性制导系统中齿轮等部件,不允许沾染一点污垢,用人工清洗又难以达到清洗标准。

如果请超声波帮忙,问题就能迎刃而解。只要把待洗的零件浸到盛有清洗液(如皂水、汽油等)的缸子里,然后再向清洗液里通进超声波,片刻工夫,零件就洗好了。

超声波为什么有这种本领呢?

原来,清洗液在超声波作用下,一会儿受压变密,一会儿受拉变疏,液体可受不了这番折腾,在受拉变疏时会发生碎裂,产生许多小空泡。这种小空泡一转眼又会崩溃,同时产生很强的微冲击波。这种现象在物理学上叫空化现象。因为超声波的频率很高,这种小空泡便急速地生而灭、灭而生。它们产生的冲击波就像是许许多多无形的"小刷子",勤快而起劲地冲刷着零件的每一个角落。因此,污垢很快就被洗掉,绝对令人满意。如洗手表,人工洗要一件件卸下来,功效很低。用超声波洗只要把整块机芯浸到汽油里,通进超声波,几分钟就能洗好。

超声波还可以帮助我们清洗光学镜头、仪表元件、医疗器械、电真空和半导体器件等许多重要的精密零件。

关键词:超声波　清洗　空化现象　冲击波

79

谁预报了海上风暴

一艘探险船正在海上航行，科学家们都在紧张地工作着。他们有的在测量水的深度，有的在测量水的温度……一位气象学家将一只氢气球凑近耳朵听了听，马上向整个探险队发出紧急报告："海上风暴即将来临。"就在当天夜里，海上发生了强烈的风暴。

一只氢气球怎么会预报海上风暴？难道它被施了魔法不成？

原来，当远处海面发生风暴时，强大的气流所产生的空气旋涡，会引起空气强烈的振荡，这种振荡每秒不到20次，人耳听不到。这种

频率低于每秒 20 次的声波，叫做次声波。次声波也是以声速传播，可以传得很远，因此，次声波比风暴的传播速度快得多。而充满氢气的气球，能同次声波发生共鸣，产生一种振动。这种振动的强度，会对靠近氢气球的人的耳膜产生一种压力，使耳膜感觉疼痛。海上风暴离得越近，这种感觉越清晰。气象学家就是根据这种感觉，判断海上风暴即将来临。

现在，人们已经利用这个道理，制成了自动记录、预测海上风暴的仪器。

某些水生动物对次声波也很敏感。每当海滩上的小虾跳到离海较远的地方去，鱼和水母急忙离开海面，纷纷潜入深深的海底时，有经验的渔民就会知道海上风暴即将来临，迅速地收起鱼网，返回渔港。

关键词：海上风暴　次声波

为什么飞机超音速飞行时会发出
打雷一样的响声

声音是一种波。在声波传播的过程中，已被扰动的空气，与未被扰动的空气之间有一个分界面，我们把这个分界面叫做波阵面。如果声源是静止的，波阵面就是一个向外扩展的球面，在竖直剖面上是一个圆；如果声源是运动的，而且声源的运动速度超过了声速，尽管每个时刻声源依然向外发出圆形的波，但这些圆形波却聚集成了直线形的波阵面，也就是说波阵面不再是圆形的了。这时，就会产生称为声暴的奇异

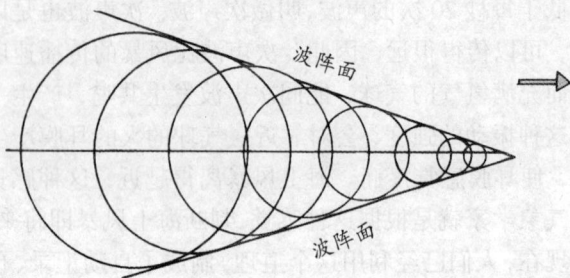

波阵面

波阵面

的声学现象。

飞机作超音速飞行时，机头、机翼、机尾等处都会引起周围空气发生急剧的压力变化，产生强烈的前激波和后激波，这两种声波的强度都很大。当前激波经过时，空气压力突然增高，随后，压力平稳下降，以至降到大气压以下。接着，当后激波经过时，压力又突然上升，并逐渐恢复到大气压力。前后两个激波经过的时间间隔约为 0.12 ~ 0.22 秒。如果飞机的飞行高度不太高，我们就可以在激波经过的瞬间，听到好似晴天霹雳的雷声或像炮弹爆炸的声音，这就是超音速飞机飞行时产生的所谓声暴。由于有前后两个激波，所以我们能够听到短促而猛烈的两声声暴。

声暴与飞行高度和速度有关。在同样飞行速度下，飞行高度越低，地面受激波的影响就越强，反之就弱。同样，在高度相等时，飞行速度越大，激波越强，反之就小。如果在低空作超音速飞行时，产生的声暴甚至能将建筑物震塌。因此，在一般情况下，飞机作超音速飞行，应不低于规定高度，这样可以减弱对地面的影响。

关键词：**超音速飞机　波阵面　声暴**

什么是声音的掩蔽效应

在现代社会中，由于通信手段的发展，手机已经成为大众普遍使用的一种通信工具。在马路上、商场里常常有人用手机进行通话交流，如果你稍加注意就会发现，这些人用手机和对方交谈时，嗓门往往特别大。因为这些地方人声嘈杂，如果说话的声音太轻，对方会听不清楚甚至听不见。这种现象在物理学上称为声音的"掩蔽效应"。

原来，人耳对声压的感受有一个最低的限度，声压低于这个限度的声音就不能被听见，这个限度称为听阈；人耳对声压的感受还有一个最高的限度，超过这个限度人耳就会难以忍受，并产生疼痛的感觉，这个限度称为痛阈。在听某一个声音时，如果还有另一个声音(称为掩蔽声)同时存在，就会影响所听声音的效果。为了能听到需要的声音，人耳的听阈就要提高，于是产生了声音的掩蔽效应。声音的听阈所提高的分贝量称为"掩蔽量"。

一般说来，两个音调(频率)越接近的声音，掩蔽量就越大；高音容易被低音所掩蔽，而低音却不易被高音掩蔽。例如，如果坐在音乐厅中欣赏交响曲，即使低音部的声音不很强，我们仍能在众多乐器发出的声音中清晰地分辨出低音部的声音，反之，高音部较强的声音却反而听不清楚。

掩蔽效应除了与物理因素有关以外，还是一个很复杂的生理和心理现象。当一个人对某种声音特别加以注意时，往往能在众多的噪声中辨别出他感兴趣的"信号"，人的这种能力有时被称为"容忍能力"。

正是由于掩蔽效应的存在,在听音乐时,周围的低音噪声是十分令人讨厌的干扰因素,努力减少低音噪声的影响,是各种大厅、礼堂在声学设计上的一个重要目的。在报告厅中听讲演时,如果台下有人在小声交谈,会对台上主讲人的声音产生较大的掩蔽作用, 其原因在于台下交谈的声音频率与主讲人的声音频率分布基本相同。

从有利的方面看, 适当地利用掩蔽效应可以对无法避免的环境噪声进行抑制。例如, 当室外有持续不断的高频噪声时,常常可以用低频的比较柔和的噪声来加以掩蔽,以防止刺耳的噪声对人的心理健康可能产生的不良后果。

☞ 关键词:噪声　声压　掩蔽效应

为什么火车开近时汽笛声尖锐,开远后就变得低沉

自然界有各种各样的声音,有的声音高,有的声音低,我们就说它们的音调不一样。音调高的声音振动的频率就高,例如吹哨子的声音音调高,听上去比较尖;音调低的声音振动的频率就低,例如打鼓的声音音调低,听起来比较低沉。

火车汽笛声的音调应该是固定的。但是, 细心的人会发现,火车驶来时,汽笛声要尖一些,也就是说音调要高些;开过以后,汽笛声就变得低沉些,也就是说音调要低些。

这是什么缘故呢?

问题的关键在于声源和观察者之间有相对运动。本来,汽

笛声有一定的频率,声波中的"疏"和"密"是按一定距离排列的。可是当火车向你开来时,它把空气中声波的"疏"和"密"压得更紧了,"疏"和"密"的间隔更近了。因此,相对于观察者来说,就是声音的振动频率加快了,音调也就高了,听到的声音就尖一些;当火车离开你时,它把空气中声波的"疏"和"密"拉开了,"疏"和"密"的间隔远了,因此,相对于观察者来说,就是声音的振动频率减慢了,音调也就低了,听到的声音就变低沉了。火车的速度越大,音调的变化也越大。天天和火车打交道的铁路工人,有着这方面的丰富经验,他们能从汽笛音调的变化,估计出火车的快慢和行驶的方向。

在科学上,当波源与观察者有相对运动时,观察者接收到的频率和波源发出的频率不同的现象,叫做多普勒效应。汽笛音调的变化是多普勒效应的一个实例。

在天文学上,根据多普勒效应,可以准确地计算出天体相对于地球运动的速度。人造卫星的运动速度也是利用多普勒效应测定的。人体血管中的血流速度也可利用多普勒效应测定。

关键词: 火车　声音　音调　多普勒效应

为什么耳朵贴在钢轨上可以听见很远处的火车声

要知道远处是否有火车驶来,有经验的铁路工人或旅客往往将耳朵贴在钢轨上倾听。如果听到声音,火车不久就会呼啸而来。这是为什么呢?原来,这与声音的传播速度有关。

我们知道,声音的传播是有一定的速度的。但在日常生活中,比如,你和家人面对面地交谈、欣赏电视节目等等,好像声音一发出,你就听到了。这是由于声源(发出声音的物体)离我们太近了。如果声源离我们远些,比如,看远处的打桩机施工,你就不难发现,汽锤落定后隔一瞬间,你才能听到汽锤与木桩相撞的声音。

声音的传播不但有一定的速度,而且在不同的介质中,声音传播的速度是不同的。例如:声音在空气中大约每秒钟能跑340 米;声音在水中的传播速度就达到了 1440 米/秒;声音在钢轨中的传播速度更快,大约是 5000 米/秒。而火车的时速一般为 100~200 千米, 也就是说, 火车的速度一般在 60米/秒之内,比声音在钢轨中的传播速度慢得多。如果距离我们 5000 米处有一列火车驶来, 火车开到我们面前, 需要 80多秒的时间;如果站立着听, 将近 15 秒才能听到火车的声音; 如果将耳朵贴在钢轨上, 只需 1 秒左右就能听到隆隆的火车声。

再说,声音的强度在传播过程中会衰减。声音在空气中传播,声音是飞向四面八方的,衰减得很快。当你听到火车声响时,火车已临近,仓猝之间往往酿成惨祸。而由于钢轨对声音的导向作用,声音在钢轨中衰减得较慢。当你把耳朵贴在钢轨上听到火车的声响时,你就知道火车即将驶来,这时,火车离你还很远,你是安全的。

那么,如果用眼睛看呢?光跑得比声音快多了,5000 米距离,光只需 0.000017 秒就跑到了! 但是, 由于地平线的遮掩,薄雾浮尘的荫蔽,轨道的弯曲,山峦、树丛、建筑物的阻挡等原因,我们无法一览无余地看清远在 5000 米外的火车。所以,要判断远处是否有火车驶来,最简单易行的办法就是把耳朵贴在钢轨上仔细听一听。

☞ 关键词: 火车　钢轨　声速　声音传播

为什么笛子能吹奏出乐曲

口琴、小提琴、钢琴等乐器,能奏出各种乐曲,我们不感到奇怪,因为口琴里有簧片,小提琴有琴弦,钢琴里有粗细不同的钢丝,正是簧片、琴弦、钢丝等物体的振动,产生了各种声音,奏出了好听的乐曲。

一根竹管做的笛子,里面什么东西也没有,仅在竹管上开了几个洞,怎么也能吹出乐曲来呢?

声音是由物体振动引起的。簧片、琴弦或钢丝振动了能发出声音;同样的道理,液体和气体发生激烈振动时,也会发出声音。

笛子里面虽然是空空的,可是它里面却有着一条看不见的空气柱,当它受到外力激扰的时候,就会按一定的频率振动而发出声音。空气柱越长,频率就越低,发出声音的音调就低;空气柱越短,频率就越高,发出声音的音调也就越高。当你把嘴唇放在吹口上,吹出一条又扁又窄的气流去激扰笛子里面的空气柱,笛子就发出声音了。如果将六个按孔统统按住,笛子里面就形成一条最长的空气柱,发出的声音音调最低;如果你依次将离吹口由远及近的按孔放开，空气柱就一次比一次短，发出的声音也就一声比一声高。吹奏笛子的人就是根据乐曲的需要，放开或按住不同的按孔，使空气柱忽长忽短，吹奏出好听的乐曲。

演奏者还可以用"超吹"的吹奏法，即增加吹压，可以吹出比原音高八度的声音。例如，吹 do 音，指法不变，运用超吹的吹奏法，可以吹出高音的 do。所以，笛子虽然只有六个按孔，但是在技艺高超的演奏者手里，却可以吹奏出各种美妙动听的乐曲来！

关键词：笛子　声音　乐曲　音调　空气柱

你能用水杯做一套仿真编钟吗

如果你喜欢欣赏音乐，你可以知道许多乐器的名字——扬琴、月琴、琵琶、二胡、钢琴、竖琴、小提琴、黑管等等。你听说过名叫"编钟"的乐器吗？

编钟，是我国古代乐器中的一种。编钟的音调十分庄严、从容、和谐。1978 年，我国考古学家在湖北随县（今随州市）的一座战国早期的墓葬中发掘出许多文物，其中一套巨型编钟堪称稀世珍宝。

为什么编钟要用一套大小不同的钟呢？这正是为了要它们发出不同音调的声音来。我们知道，物体在单位时间里振动的次数越多，即频率越高，声音就越尖，或者说音调越高。而频率的高低，又决定于物体的质量、几何形状和大小。这套编钟,大的频率低,发音洪亮而低沉;小的频率高,发音清越而亮亢。每一口钟,都代表一个音调,配合起来,就成了一套乐器。

我们可以用水杯做一套仿真编钟。方法很简单,只要弄一套同样的玻璃杯,水杯里盛入深浅不同的水,再按盛入水的多少顺次排列。这时候,拿一根筷子,就可以敲出不同音调的声音来。

杯子所发出的声音,主要是由于杯壁在振动。这些杯子的形状、大小和质料虽然相同,但是盛水的深浅各不相同,这就是相当于改变了杯壁的质量,因此发出的音调有高、有低。请水帮忙还有个好处,就是盛水量的多少可以调节,定音比较容易。经过仔细的校音后,一套仿真编钟就做成了。

现在,你不妨试一试,用仿真编钟奏一首曲子给大家听听。

关键词: 音调　编钟　频率

89

为什么上海大剧院的音响
效果特别好

　　上海大剧院是一座融会中西建筑韵味的音乐艺术圣殿。它的外观轻灵飘逸,如同飞扬的旋律。四周以整体透明玻璃为墙,莹洁如同水晶宫。走进大剧院,那幅富有民族特色的壁画使观众感受到浓厚的艺术氛围。大剧院总面积达6.5万平方米,内设1800座的观众厅,500座的中剧场,200座的小剧场,以及10个大小不等的排练房和琴房。大剧院不仅整体形象美轮美奂,它更以完美的视听效果充分展现芭蕾、歌剧和交响乐的精彩华章。那么,从建筑声学的角度来看,上海大剧院是如何达到完美的音响效果的呢?

　　在声学设计方面,设计人员在舞台上精心安置了一个大型的声音反射罩,能有效地避免声波向周围空间的散逸。这样,宽阔深邃的舞台,放射形的台口,波浪形的吊顶天花板,宛如一个巨大的号筒,把乐音和谐逼真地传向观众。

　　在控制混响时间方面,大剧院采用了最先进的可变混响设计,在观众厅的侧墙内设置了约300平方米的电动吸声帘幕。在演出歌剧时,帘幕徐徐降下,以吸收声波,使观众厅的混响时间缩短至1.3~1.4秒,令歌声层次清晰。在演出交响乐时,收起帘幕,使厅内的混响时间上升到1.8~1.9秒,以保证交响乐声气势浑厚,丰满而有力度。

　　在控制噪声方面,设计人员在建筑结构上把舞台和观众厅与相邻房间完全隔离,对机房和机房内的设备加以隔音、隔振处理,并设置许多管道消声器,以保证观众厅的噪声低于

25 分贝。

矗立在人民广场上的上海大剧院自落成开放以来，受到中外音乐家和观众的交口称誉。上海大剧院为前进中的上海增添了新的风采。

关键词：上海大剧院　建筑声学　音响效果

温标是怎样定出来的

我们知道,温度计可以用来测量物体的温度是多少,但是温度计上表示温度的标准是怎样定出来的呢?

首先定出温标的是德国物理学家华伦海特。他以冰的熔点和水的沸点这两个温度点作为基点，再以水银温度计来分度。在水银柱上,他把这两个温度点之间分成了 180 个小格,每一小格是 1 度,这就是华氏度,以℉表示。然而,他并没有把冰的熔点定为 0℉, 而是定成 32℉, 这样一来，水的沸点就是 212℉ 了。现在,华氏温标仍然在英国、北美洲、大洋洲和南非等国家和地区使用。

温标的第二个定法是 1742 年瑞典天文学家摄尔修斯提出来的，他所选用的温度计和两个温度点的基点与华伦海特的完全一样,也是冰的熔点和水的沸点,可是,摄尔修斯却把水银柱均匀地分成 100 格,每格就是 1℃。他把冰的熔点定为 0℃,这样,水的沸点就是 100℃了。显然,摄氏温标使用起来比华氏温标方便。目前，世界上的大多数国家都使用这种温标。

温标的第三个定法是 1848 年由英国物理学家汤姆生(即开尔文勋爵)提出来的。它是一种与测温物质特性和温度计种类无关的温标,叫做热力学温标。它的单位为开尔文,以 K 表示。1960 年第 11 届国际计量大会规定,热力学温标选取水的三相点, 即冰、水和水汽共存时温度 273.16K 为测温基准点。

热力学温标和摄氏温标并没有实质性的差别, 因为它们每一度的间隔是相等的, 即 1K 所表示的温度间隔和 1℃所表示的温度间隔相等。只是温度的起点与算法不同,它们之间只差一个常数,那就是 273.15。

关键词: 摄氏温标　华氏温标
　　　热力学温标　水的三相点

为什么有的温度计里装酒精,
有的装水银

温度计是用来测量温度的仪器。常用的温度计有水银温度计和酒精温度计,水银和酒精作为组成温度计的主要部件,被称为测温物质。测温物质能够用来测量温度,是因为它具有热胀冷缩的特点。随着温度的升高,水银和酒精的体积会明显地膨胀,在温度计中看到的就是水银柱或酒精柱的高度上升,这样,只要刻上适当的刻度,人们就可以读出相应的温度。

为了使温度计有更大的实用价值, 测温物质应该具备两大特性:一是测温物质随温度变化而改变体积必须很灵敏,以至于可以测量细小的温度变化;二是在低温下测量温度时,测温物质不能凝固成固体,反之,在高温下,测温物质也不能变成气体,否则,就无法用来测量温度。

对于同样质量的水银和酒精,如果分别使它们的温度升高 1℃,通过实验发现,酒精吸收的热量比水银吸收的热量大得多,前者大约是后者的 20 倍。因此,水银温度计中水银柱随温度改变的灵敏度比酒精温度计中的酒精柱大得多。在做科学实验或测量人体体温时,由于温度计吸收或放出的热量很少,但又必须显示出温度的改变,一般都采用水银温度计。而在同样的温度变化下,酒精吸收热量多,膨胀能力大,因此酒精柱升降变化比水银柱显著得多。在测量周围空气温度和水温时,一般采用酒精温度计。

酒精和水银还有各自不同的特性,酒精十分"耐寒",它在 −117℃ 才会凝固成固体,而水银在 −39℃ 就会凝固起来,失去流动性。在寒冷的北方,冬季气温达 −40℃ 左右,因此,一般适宜用酒精温度计测量气温。但是,水银也有一个优点,它比酒精"耐热",水银的沸点是 356.72℃,而酒精到了 78.3℃,就会沸腾而急剧汽化。在测量高温的场合,显然水银温度计比酒精温度计更有用武之地。

关键词:温度计　测温物质　热胀冷缩
水银　酒精　凝固点　沸点

为什么体温计里的水银柱
不会自动下降

人们常用的水银温度计是利用水银热胀冷缩的原理制成的。作为一般测量温度用的温度计，例如测量室内、室外温度，测量游泳池的水温，等等，这些温度计的水银柱随着外界温度的变化会立刻做出反应，自动地升高或降低，但是，测量体温用的体温计，用过以后一定要用力甩几下，水银柱才会降下来。

这里的秘密在于，一般温度计玻璃管的内径是一样大小的，而体温计玻璃管内径的大小是经过特别设计的，它的特点是

水银柱和水银球相接的地方做得特别细。正因为这种设计，使体温计水银球中的水银，受热膨胀时，能很容易地从这个细小的狭口处挤上去，而一旦受冷收缩时，水银柱不仅不能顺利地从狭口处挤回来，而且，水银在本身内聚力收缩作用下，整个水银柱会在狭口处断为两截。上面一截的上端仍指示体温，而下端受内聚力收缩作用，不会自动流回水银球。正因为这样的设计和制作，才使得医生能准确测量病人体温，正确诊断病情。如果体温计也像通常测温用的温度计那样，一离开人体，水银柱就发生明显变化，那体温计还有什么实用价值呢？

体温计用过以后，可以把体温计头部朝下，用力甩几下，这是在利用惯性，使上面一截水银冲过狭口回到水银球里去。不过甩动的时候也要注意用力的大小和方向，才能达到理想的效果。

```
关键词：温度计　体温计　热胀冷缩
　　　　内聚力　惯性
```

什么是零摄氏度和绝对零度

在日常生活和生产技术中，人们常常用温度计来测量一个物体的温度。例如，医生用体温计测量病人的体温，体温计就是温度计的一种。那么，温度计上的温度是怎样确定的呢？仔细观察一下体温计就可以发现，体温计中有一根很细的水银柱，这根水银柱称为测温物质。当体温计接触病人口腔时，水银柱就会因病人口腔中的温度产生膨胀，因此，水银柱的长度就可以用来表示口腔的温度。此外,水银柱旁边还必须标有度数,才能确切地给出温度的值。有刻度,首先得有起始的位置。选定测温物质,确定起始度,标出刻度,这三个要素就组成了温度计对温度的定量表示法,这种表示法称为温标。

摄氏温标是目前较常用的一种温标,由此制作的温度计就是摄氏温度计,体温计是摄氏温度计的典型例子。在摄氏温度计中,取水的冰点作为起点,这就是零摄氏度,写作 0℃;取水的沸点为 100 摄氏度,写作 100℃。再将 0℃ 和 100℃ 之间的水银柱高度分为 100 等份,每一格就是 1℃。

热力学温标是一种不依赖测温物质或测温特性的国际通用温标,由它确定的温度称为热力学温度,单位用 K 表示。1990 年,国际温标规定,水的三相点温度为热力学温度的273.16K。为什么规定这个数字而不是别的数字呢?原来,18～19 世纪时,物理学家从实验中发现,一定量的气体在体积不变时,温度每降低 1℃,压强就减少 0℃ 时压强的1/273.16;而在压强不变时,温度每降低 1℃,体积又会减少0℃ 时压强的 1/273.16,由此可以推算出,当温度从 0℃ 开始下降到 -273.15℃ 时,就可以定出热力学温标的零点,即绝对零度。

在现代社会中,低温技术正在得到广泛的应用。例如人们利用家用电冰箱来贮存食物,电冰箱中的温度一般可以达到-15～-20℃。在科学研究中也需要低温,而且是很低的低温,例如只有在 -200℃ 的条件下,科研人员才能获得超导体。

随着低温技术的发展,人们一次又一次地向低温世界进军,向越来越低的温度逼近。目前,人们已获得的低温记录是

10^{-8}K，而且，不断向极低温开拓的探索步伐还在前进。这样就自然引出了一个问题，人们能达到热力学温标的 0K，也就是能达到绝对零度吗？

早在几十年前，科学家通过大量实验得出了一个普遍结论，即绝对零度是不可能达到的，或者说不可能施行有限的过程把一个物体制冷，直至达到绝对零度，这个结论称为热力学第三定律。

热力学第三定律是总结大量实验结果而归纳得出的定律，它是普遍适用的。为什么绝对零度是不可能达到的？科学家已证明，绝对零度本来就不是一个实际的温度，它是对实际降温过程的一个推论。从理论上讲，这个推论出来的温度是任何物体都能达到的低温的极限。从实际上看，人们可以通过种种努力接近绝对零度，但不能达到绝对零度。

> 关键词：温标　摄氏温标　热力学温标
> 绝对零度　低温技术　热力学第三定律

为什么地下水冬暖夏凉

地下水冬暖夏凉，这是什么道理？难道地下水会自动调节温度吗？

地下水是处于地面以下几十米甚至更深处的水，它的温度与地下深处岩石和泥土的温度差不多。由于地下水被厚厚的地面层所包围，它不能直接从地面上的大气中吸热，也难以把热量向大气散发，地下深处泥土的传热又很慢，因此，地下水几乎保持在常温下,并不会自动调节温度。

当地下水被抽取到地面上时,由于地面和大气层的温度一年四季有很大的变化,人对地下水也就产生了不同的冷热感觉。冬天气温比地下水的温度低,因而人们感到地下水暖和一些;夏天气温比地下水高,人们就感到地下水凉快一些。

实际上,如果用温度计去测量一下处于地下浅层处地下水(例如井水)的温度就会发现,地下水的温度也是夏天比冬天高,只不过温度变化一般只有 $3 \sim 4$℃,不像地面上温差变化那么大罢了。

关键词:地下水 温度

夏天,为什么自行车
容易爆胎

夏天,自行车在马路上疾行的时候,忽然“啪”的一声,车胎爆裂了。这对骑车人来说是很麻烦的,他必须把自行车推到自行车修理站去修补一番。如果这位骑车人知道空气受热膨胀的道理,他就能设法避免这样的事故。

夏天,不但空气很热,就是地面也被太阳烤得很热。车胎里的空气受热膨胀后,不断地冲击着车胎,想跑出来。如果恰巧碰到这个车胎里的空气打得太足,或者车胎上有薄弱的地方,那么它就会一涌而出,把车胎挤破。

还有,夏天的早晨和中午,室内和室外的温度相差很大。你早上在家把车胎里的气打足了,骑到马路上一跑,车胎里的空气受热膨胀了，便急着要找条路跑出来，最后只得把车胎挤破了。

所以，在炎热的夏天，你千万不要把车胎里的气打得过分胀鼓鼓的。

☞ 关键词：自行车　车胎　膨胀

为什么饺子煮熟以后会浮起来

北方人爱吃的饺子和南方人偏爱的馄饨，都是人们用薄薄的皮子把馅子紧紧包住捏实以后制成的。生饺子下锅以后，都沉在锅底。然而，煮熟以后，饺子又会一个一个地浮到水面上来，这是为什么呢？

原来，生饺子比较密实，密度比水大，放在水里自然会沉

下去。而随着水温的升高，馅子和皮子吸饱了热水以后会渐渐膨胀起来，体积也随之增大。特别是馅子里的空气膨胀程度更大，于是熟饺子的整个体积会变得比生饺子大很多。等到饺子充分膨胀，它的密度变得比水小的时候，饺子就开始上浮。有烹调经验的人，只要打开锅盖看一下饺子是否都浮起来，就可以知道饺子的生熟程度，就是这个道理。

关键词：密度　膨胀

为什么粥烧开了会溢出来

一锅水烧开了，水蒸气"咕嘟、咕嘟"往外冒，可水并没有溢出来，而一锅粥烧开后，就会溢出锅外。这是什么原因呢？

当锅里的水温达到沸点的时候，水就会沸腾，产生水蒸气。一开始，水蒸气会在水里形成小气泡，随着水蒸气的迅速增多，气泡越来越多，越来越大，并上升到水面破掉，这就把水蒸气带出了水面，而不会在水中积聚起来。所以，水煮开了，不容易溢出来。

100

而烧粥就不大一样。米粒的主要成分是淀粉,当米和水放在一起烧的时候,米粒的淀粉会溶于水中,变成热的淀粉糊,这种液体的黏度和表面张力都比水来得大。因此,当锅里的粥烧开了,水蒸气跑出来形成气泡的时候,气泡外面就包了一层这种淀粉膜,淀粉膜黏糊糊的,具有较大的表面张力,不容易破掉。随着水蒸气的增多,水泡也越聚越多,越升越高,当它们升到锅子边缘时,就溢出锅外了。

☞ 关键词: 水蒸气　表面张力

为什么煮熟的鸡蛋浸过冷水以后
蛋壳就容易被剥掉

　　鸡蛋是由硬的蛋壳和软的蛋白、蛋黄构成的。在通常情况下,鸡蛋煮熟以后,蛋白和蛋壳粘在一起,不易分离开来。但是,人们常常先把鸡蛋煮熟,然后立刻浸入冷水,再剥去蛋壳就方便多了。这是什么原因呢?

　　原来,除了少数几种物质以外,一般的物体都具有热胀冷缩的特性。不同的物质材料,热胀冷缩的程度是不同的。在温度剧烈变化时,蛋壳和蛋白的热胀冷缩步调很不一致。在高温烧煮时,蛋壳受热快,蛋白传热慢,因此蛋壳膨胀的程度相对大一些。一旦浸入冷水时,蛋壳又急剧受冷而收缩,蛋白还处在原来的温度而没有来得及收缩,这时候,有一部分蛋白就会被蛋壳挤进蛋的空头处。当蛋白因温度降低而收缩时,因为体积的缩小而使蛋白脱离了与蛋壳的粘连,从而使蛋壳很容易

地被剥掉了。

为什么坚硬的玉米粒能变成
松脆的"哈立克"

　　"哈立克"是一种又松又脆的休闲食品。它是怎样制成的呢？

　　"哈立克"的原料就是通常的玉米粒。先把又小又坚硬的玉米粒放入密闭的容器中加热，当玉米粒的温度很高时，使容器突然"放爆"。在恰当的火候下，玉米粒摇身一变，就成了松脆的"哈立克"。

是什么神秘的力量使玉米粒不但体积大大膨胀，而且变得又松又脆呢？原来，产生这个变化的"魔术师"不是外界什么事物，而就是隐藏在玉米粒内部小空隙中的空气。

　　在密闭容器中的空气有一个特性，当温度越高时，空气的压强也越大。当玉米粒在密闭容器中渐渐变热的时候，玉米粒内部空隙中的空气压强，随着容器中的空气压强一起升高。当压强升高达660千帕左右时，如果容器突然被打开，这部分高温高压的气体就会急剧向外冲击，这就是"放爆"。放爆的结果是，容器内压强迅速下降，从而使玉米粒内的热空气以超过外界大气压数倍的压强冲破玉米粒组织的外壁，也争先恐后地往外挤，玉米粒在各个方向上即刻被胀大开来，形成了胖乎乎的、又松又脆的"哈立克"。

　　玉米粒可以用这种放爆方式胀大变松，其他谷物如黄豆、蚕豆、豌豆以及干年糕片，也可以用类似方法使其膨胀变得松脆。由于玉米粒内部空隙多，组织比较疏松，因此，放爆以后的体积变化比较大，显得格外松脆。

　　☞ 关键词：玉米粒　哈立克　放爆　膨胀

为什么吹电风扇和扇扇子
会使人感到凉快些

　　夏天，当我们在房间里感到十分闷热时，往往会打开电风扇或扇扇子，这样就会感到凉快一些。是电风扇和扇子把空气扇凉了吗？不是。我们可以通过实验证明这一点。

湿棉球

温度下降　　温度不变

　　将温度计放在电风扇前面吹，你看到了什么？温度计上水银柱指示的温度并没有发生改变。在温度计的水银球外面包上一个湿的棉球，再将温度计放在电风扇前面吹，这时我们看到，温度计上水银柱指示的温度明显地下降了。原来，电风扇不能吹凉水银球，而电风扇吹出的风，却能使湿棉球中的水快速蒸发，蒸发带走水银球中的热量，于是水银柱就下降了。

　　根据以上的小实验，我们就能明白人在吹电风扇时感到凉快的道理了。在闷热的夏季，周围的温度往往比人体体温高，人体的热量不易散发出去，这时，人就会以出汗的方式来调节体温，因为汗水的蒸发可以带走人体中的热量。吹电风扇是为了促使人体周围空气流动，而空气的流动正是加快汗水蒸发的一条有效途径。汗水蒸发越快，人体的热量越容易被带走,人就感到凉快。

在闷热无风的日子里,有时气温并不是太高,但人会感到不适。有时虽然气温较高,但是天气干燥有风,人反而感到凉爽。其中的原因就是人体的汗水蒸发和热量散发的快慢程度不同。

> 关键词:电风扇 空气流动 蒸发

冬天,为什么铁摸上去比木头冷

每个人差不多都有这样的经验:冬天在室外我们摸着铁棒、铁球,总觉得比摸着木棒、木球感觉冷一些。难道暴露在同样气温下的铁制品和木头制品,它们的温度不一样吗?

它们的温度当然是一样的。那么，为什么在感觉上我们会感到铁比木头冷呢？这是因为，在冬天，人体的温度比周围空气的温度高，暴露在空气中的物体和空气具有相同的温度。当我们摸着铁制品的时候，由于铁的传热比木头快得多，因此，手上的热量很快传到铁制品上去了，手就感到很冷；而当手摸着木制品时，热量传递得很慢，手的感觉就不那么冷。

夏天，在烈日照射下，用手触摸铁和木头时，手的感觉与冬天正好相反，好像铁比木头热得多。虽然感觉与冬天的情况不同，但道理是相同的。如果夏天室外温度达到40℃，而我们人的体温是37℃左右，由于铁和木头的温度比人的体温高，而铁的传热比木头快，因此手的感觉是铁比木头热得多。

根据以上讲的道理，在日常生活中凡是需要传热快的用品，往往都是用铁或其他金属制成的，反之，需要传热慢的物品，一般都用木头或泡沫塑料制成。

关键词：温度　传热

为什么羽绒衣特别保暖

在严寒的冬季，人们往往喜欢穿上羽绒衣御寒。为什么羽绒衣会受到人们钟爱呢？羽绒衣除了穿着轻便、舒适以外，它有着比一般棉衣更加保暖的性能。

在日常生活中，各种物质有着不同的传热方式。在固体中，热传递的方式主要是热传导。按热传导的快慢程度，人们

又将固态物质分为热的良导体（如铁）和热的不良导体（如木头）。与固体相比，液体的热传导性能较差。在炉子上煮沸一壶水时，炉子的热量主要是依靠热对流的方式传递到整个壶中去。它的特征是被加热的水在壶内上升，而未被加热的水下沉，如此往复，直至整壶水沸腾。热量在空气中的传递除了热对流以外，还有热辐射的方式，那就是热源直接向四周空气散发热量，从而达到传热的目的。

在冬天，人的体温比室外温度高。人体作为热源，在空气中主要通过热对流和热辐射的方式向周围散发热量。人们为了保暖，就要设法阻止或切断这两种热传递方式的通道，而恰恰在这方面，羽绒衣有着比其他衣服更优良的性能。

羽绒衣的主要组成材料是动物的羽毛绒，例如鸭绒，它们的天然状态轻巧、柔软、蓬松，不易被压缩成块。人们穿上羽绒衣以后，羽绒之间的空气层不但热传导性能很差，而且由于羽绒的存在，空气层中的热对流运动也大大减缓，并在人体周围筑起一道阻挡热辐射的屏障，能有效地阻止人体热量的散发，帮助我们维持身体的温暖。

利用羽绒衣的保暖原理，人们现在已经制成了许多化学合成原料，广泛地被应用于生活和生产实践中。

👉 关键词：羽绒衣　保温　热传导
　　　　　热对流　热辐射

为什么火车上
要装双层玻璃窗

火车是当今社会中人们外出旅行的一种长途交通工具。由于火车的行程往往要穿越气候条件变化很大的区域，因此怎样保持车厢内有一个适宜的环境温度，就成了火车车厢设计中面临的重要问题。在

每节火车车厢上安装双层玻璃窗，就是解决这个问题的有效措施。与单层玻璃窗相比，双层玻璃窗有以下好处：

首先，双层玻璃窗中间有一个空气层，而空气是不易传热的。车厢的窗户有了这道空气屏障，就使得车厢像穿上了一件棉衣，可以抵御车厢外严寒的影响。单层玻璃窗虽然也能起到一定的保温作用，但毕竟只是使车厢"穿"上一件单衣，因此御寒性能大大减弱。

同时，双层玻璃窗的空气层隔开了车厢内热空气和车厢外冷空气在同一块玻璃窗上的直接相遇，从而避免了由于冷热空气以玻璃为媒介物的直接相遇，而常常在单层玻璃窗上出现的霜和雾。霜和雾的出现会影响旅客观赏车外景物，这对于长途旅行的旅客是一件多么扫兴的事啊。

除了火车车厢，在北方的冬天，为了保暖，或在南方的夏季，为了防止室外热浪的影响，很多家庭也在窗户上安装了双层玻璃窗，有的还将双层玻璃间抽成真空，从而大大增强了双层玻璃窗的保暖或隔热性能。

关键词：火车　保温

为什么走马灯会转动

走马灯是一种装饰用的灯具，既能照明，又能给人一种动感的艺术享受。它的主要结构是一只用半透明薄纸糊成的圆筒状纸屏（也有用薄纱绸制成的屏），纸屏上面画有美丽的图案。纸屏安装在可以转动的轴上，圆筒底部留空可以通风，圆

筒上端装有一只纸做的风车。

当圆筒中间点上一支蜡烛或点亮一盏电灯时，圆筒就会渐渐转动起来。由于最初的圆筒图案上画有奔跑的马匹，因此圆筒的转动给人以马匹奔驰的感觉，故有走马灯之称。

走马灯能够在蜡烛点燃后转动起来，这是因为蜡烛点燃以后，首先将圆筒内部的空气加热，被加热的空气体积膨胀，密度减小，就会从圆筒上端徐徐上升。这股上升的气流带动了上端的风车转动，从而带动圆筒转动起来。圆筒内部的热空气向上升起后，外面的冷空气就从下端补充进去。如此循环往复，只要蜡烛不熄灭，走马灯就会不停地转动。

关键词：**走马灯 气流**

110

为什么火焰总是向上

在自然界和我们的日常生活中，人们都可以观察到燃烧着的火焰总是向上的，比如点燃的蜡烛，熊熊燃烧的篝火，等等。在古代，当人们没有明白火焰向上的科学道理时，常常把它与鬼怪和迷信联系在一起。

实际上，火焰向上是空气流动引起的结果。当蜡烛被点燃以后，火焰周围的空气被加热，由于热空气的密度比冷空气小一些，因此热空气就会上升，而周围其他部分的冷空气就会流过来补充。随着空气的上升流动，火焰就被空气带向上方。在点燃一堆篝火时，大量热空气上升，四周冷空气迅速流过来补充，从而造成篝火熊熊向上的景象。

但是，有时燃烧的火焰又会忽左忽右飘忽不定，这同样是空气玩的把戏，与任何鬼怪没有关系。一般情况下，当火焰

四周"风平浪静"时，火焰是十分稳定的，温度相应地高一些，火苗也上升得比较高。然而，实际情况是，室外的气流受各种因素影响，总会出现一些紊乱的流动，这些流动会干扰热空气上升的正常次序，从而使火焰在空气中变得"无所适从"，显示着摇曳不停的现象。

关键词：火焰　空气流动

为什么热水瓶能保温

倒一杯开水，把它放在空气中，不一会儿，这杯水就凉了。但是，如果把开水灌入热水瓶中，就可以较长时间地保持开水的温度。

热水瓶能够保温，是由热水瓶胆的构造特征所决定的。原来，热水瓶胆由两层薄的玻璃外壳组成，两层外壳之间抽去空气，并在瓶胆一侧镀上一层薄薄的银。热水瓶胆有一个比它"身体"部分细得多的瓶口，瓶口上可以塞上软木塞。正是这样的构造使热水瓶成了"心肠热，外表冷"的保温瓶。

当热水瓶中灌入开水以后，热水瓶的结构使水的热量不能以通常方式进行传递。一是热的对流被切断。瓶内被加热的空气会寻找所有可能的"出口"往外跑，而外面的冷空气也会无孔不入地钻进热水瓶里去。但是，由于瓶颈较细，又被软木塞紧紧地塞住，因此热对流的唯一通道被切断。二是热传导被阻塞。虽然与金属物品相比，空气的导热性能比较差，但瓶胆中的热量仍然会通过玻璃外壳传递到瓶外的空气中去。但是，由于瓶胆有两层玻璃外壳，中间又抽成真空，因此热传导的媒介物——空气变得非常稀薄，热传导的通道也被阻断。三是热辐射被杜绝。冬天，在太阳光下，我们会感到比较暖和，这正是太阳光的热辐射造成的。由于热水瓶胆镀上了一层薄薄的银，因此热量的辐射受到了银层的反射而被挡在瓶胆内部，这就使得热辐射的途径也被杜绝了。

理想的情况是，瓶胆把传热的三种方式都阻断以后，热水瓶中的热水可以永久地不会冷却下来。但是，实际上热水瓶的隔热效果并不那么完善，因此热水瓶的保温总有一个时间的限度，超过这个时间限度，热水瓶就不再保温。

关键词：热水瓶　保温　热对流
　　　　热传导　热辐射

为什么油烧着了不能用水去扑灭

木头着了火，可以用水浇在木头上把火扑灭。这是谁都知道的常识。

但是，油锅着了火或汽油桶、油罐着了火，那可千万不能用水浇，因为这时水不但不能灭火，反而会使火势变得更大。

为什么水能扑灭木头上的火，却不能扑灭油锅中的火呢？

这是因为，燃烧需要氧气和一定的温度。当木头燃烧时，往燃烧的木头上浇水，既可以隔绝木头与空气的接触，又可以使木头温度降低，于是，火就被扑灭了。当油锅起火时，由于油的密度比水小，如果往油锅中浇水，水立刻沉到油层下面，而

使油层往上浮，既无法隔绝空气，又起不到降低温度的作用，所以水扑不灭油锅中的火。弄不好油还会溢出油锅，在油锅外蔓延开去，大大增加了油与空气接触的面积，火势反而会越烧越旺。

那么，油锅起了火，该用什么办法去扑灭呢？一个最直接的方法就是立刻把锅盖盖上，使油和空气隔绝开来，火也就会熄灭了。

如果油桶着了火，消防队员常常使用泡沫灭火器灭火，这是因为泡沫灭火器喷出的是大量的二氧化碳气体，二氧化碳既不会自燃，也不会助燃，而且比空气重，很快地就会把油桶包围起来，使油与空气隔绝，从而及时将火扑灭。

关键词：**燃烧　泡沫灭火器　二氧化碳**

为什么水落在热油锅中
会发出爆破声

当不小心将一滴水溅入热油锅时，油锅中马上就会产生"劈劈啪啪"一阵爆破声，并且有油花溅出。如果油花溅在手上和脸上，还可能烫起小水疱呢。

这种爆破声完全是由于水在高温状态下发生剧烈变化而引起的。第一个变化过程是水变成水蒸气。热油锅一般都处在200℃以上的温度（油的沸点），当水滴落入热油锅时，水滴在这样的高温下立刻蒸发，变成了水蒸气。第二个过程是包裹着水蒸气的小液滴发生爆破。由于水蒸气比油轻，而水滴又比油重，因此水的蒸发过程在油的下层完成以后，水蒸气泡就开始上浮。一旦升到油面，气泡的内外压强差就导致了气泡爆破，溅起了油花。

懂得了这个道理，我们在起油锅炒菜时，务必要谨慎小心哩。

关键词：蒸发　气泡

为什么冬天从嘴里呼出的
气是白色的

运动员经过剧烈的奔跑和跳跃以后，常常会大口大口地呼气。你注意过吗？他们呼出的气是白色的，这种现象在冬天的室外格外明显。空气本来是无色透明的，为什么他们呼出的气却是白色的呢？

我们周围的空气由多种气体混合而成，其中主要有氧气和氮气。此外，由于地面上有大量的江河湖泊，这些水源中的水分经过蒸发变成水蒸气以后，也充塞在空气中。我们有时会感到空气十分潮湿，就是因为空气中水蒸气的成分太多的缘故。水能变成水蒸气进入空气，那么空气中的水蒸气能不能重新凝结为水滴呢？让我们做一次小观察来回答这个问题。在严寒的冬天，我们紧闭房间的门窗并在屋子里取暖。不一会儿，我们就会发现玻璃窗上布满了小水珠。这些小水珠就是房间里空气中的水蒸气，遇到冰冷的玻璃窗后凝结而成的。

从我们嘴里呼出的气体中，有不少是水蒸气。当这些气体带着差不多等于人体体温的温度进入周围空气时，其中的水蒸气遇到较冷的外界环境就会凝结成许多细小水滴而呈白色云雾状。外界温度越低，凝结的小水滴越多，白色雾状就越明显。夏天的时候，我们也能观察到类似的现象。不过，呼出的气体不是出自人们的口中，而是来自沸腾的水壶。当水烧开时，水壶中就会喷出大量水蒸气。这些水蒸气的温度在100℃左右，它们一旦进入室温下的外界环境也会凝结成细小水滴而呈白色的云雾状。如果一时疏忽，人们忘记关闭热源，那么整壶水产生的水蒸气就会充满房间，使房间犹如被白色的大雾笼罩一般。

关键词：蒸发　水蒸气　凝结

屋檐下的冰柱是怎样形成的

下雪以后，当屋顶上还覆盖着厚厚的白雪，人们常常能发现，屋檐下背阴处挂着一根根粗细不一的小冰柱。这些冰柱是怎样形成的呢？

在雪后天晴的日子里，积雪会吸收太阳光的能量而开始熔化，但此时空气温度仍可能还处于0℃以下。人们常常感到"下雪不冷熔雪冷"，就是这个道理。

如果空气温度处于 –1 ~ –2℃，屋顶上向阳的积雪能直接受到太阳的照射，就会首先熔化。当熔化的雪水沿屋檐流下时，屋檐的背阴处由于背着太阳，周围空气温度仍处于冰点以下，流下来的雪水自然又会凝固起来，在水滴还没有来得及落地前就结成了冰。一滴、两滴、三滴……接连不断的水滴凝在一起，就形成了挂在屋檐下的小冰柱。

关键词：熔化　凝固

117

为什么冰总是结在水面上

水会结冰，这是自然界中常有的现象。仔细观察后你可以发现，冰总是结在水的表面上。在北方严寒的冬季，河流或湖泊表面常常被厚厚的冰层覆盖着，即使到了初春化冻季节，水面上还能见到一些浮冰随河水漂流。

由于水的表面直接和外界空气接触，因此当外界温度很低时，水的表面首先开始冷却。冷却的水密度变大，就会下沉；而底部温度较高的水密度较小，又会上升。水的这种上升和下沉的现象就是对流。然而，水这种物质有一个与众不同的"怪脾气"，那就是当外界温度冷却到4℃的时候，水的密度最大，如果外界温度继续冷却，水的密度反而会有所减小，这时，水的对流现象不再发生。

如果外界温度继续下降到0℃，表面的水便开始结冰。水在结冰时，大约要增大十分之一的体积，从而导致冰的密度比水小。因此，凝固的冰块总是浮在水的表面上。由于这时没有了对流，表面虽然已经冷到0℃，而底部的水仍可以继续保持在4℃左右。

正是由于水的这种特性，人们在冰天雪地的季节里，仍可以凿开河面的冰层，在水下捕到活蹦乱跳的鱼。

关键词：水　冰　密度　对流

为什么雪球越滚越大

在下雪的季节里，和小伙伴一起玩滚雪球是一项很有趣的游戏。你可以先捏一个小雪球，然后推着这个小雪球在雪地上滚呀滚呀，这个小雪球就会越滚越大，滚成一个大大的雪球。

雪球会越滚越大，常常被人们解释为：雪球是依靠黏着力的作用，在滚动过程中把地上的雪粘在一起而造成的。实际情况并不完全如此，在严寒的冬天，雪球和地上的雪片本身都不潮湿，它们之间没有多大的黏附作用。那么雪球越滚越大的主要原因到底是什么呢？

原来，冰雪只有在标准大气压条件下，才会在0℃开始熔化。科学实验证明，当冰受到的压强增大，它的熔点就会相应降低。当压强增大到标准大气压的135倍时，冰雪在 −1℃ 时就可以熔化。正是由于冰雪的这种物理特性，导致了雪球在滚

动过程中越滚越大。

当我们一开始把疏松的雪捏紧时，加大了雪片之间的压力，雪的熔点下降，在室外低于0℃的条件下，雪也会熔化为水。但是，一旦取消这种压力，水在低于0℃的温度下，又会重新结冰。这样，将手中的雪一捏一松、一捏一松，雪片就捏成了一个雪球。当雪球在地面上滚动时，被雪球压着的雪片也会先熔化，再结冰，并黏附在雪球上。这样随着雪球的滚动，在雪球经过的地面上，雪片就越来越多地黏附在雪球上，雪球就越滚越大了。

👉 关键词：雪　熔化　熔点

为什么脏雪比干净的雪先熔化

我们知道,雪熔化得快慢,是由雪吸收到的热量多少来决定的。脏雪能比干净的雪吸收到来自太阳光的更多的热量,因此脏雪往往比干净的雪先熔化。

为什么脏雪能吸收较多的热量呢?原来,任何物体受到阳光照射时,只能吸收一部分光和一部分热量,其余的光和热量被物体反射出去。吸收光和热量越多的物体,我们眼睛看上去就觉得越暗、越黑;反之,反射光和热量越多的物体,我们眼睛看上去就越明亮、越白。冬天,人们常常用"一片白茫茫"和"银装素裹"来描写野外的雪景。干净的雪呈现的洁白明亮,恰好说明了它们具有很强的反射本领,因而在阳光照射下,反射的光和热量较多,不易熔化。反之,脏雪看上去是"黑不溜秋"的,没有干净的雪那么洁白。因此,它们吸收光和热量的本领比干净的雪要大得多,在受到阳光照射时,脏雪就比较容易熔化。

我们在夏天穿白色或浅色衣服,正是为了把太阳光尽量反射出去,避免身体被太阳烤热;而到了冬天,为了得到来自太阳的更多的光和热,人们穿起了深色甚至黑色的衣服,使身体保持温暖。

关键词: 雪　熔化　光的反射　光的吸收

121

为什么用高压锅容易把食物煮熟

高压锅,顾名思义是锅内的压强很高。为什么在压强很高的情况下,锅内的食物容易被煮熟呢?

在标准大气压下,水的沸点是100℃。用普通锅煮食物,锅内的温度不会高于100℃。加大火力或持续加热的结果,只能导致水从液态变为气态,即发生蒸发,水本身的温度不会超过100℃,这是因为处于100℃的水分子具有足够的能量冲破空气分子的阻挡而成为水蒸气。但是,如果升高周围空气的压强,那么水分子要具备更大的能量才能冲破空气分子的"把守",溜到空气中去变成水蒸气。水分子的能量完全取决于水本身的温度,温度越高,水分子能量也越高,因此,要使锅内的水在更高的沸点下沸腾并将食物煮熟,就需要增大锅中的气压。

在地面上,物体受到的大气压约为101.3千帕。从地面往地下深处走,深度每增加1000米,随着气压的增大,水的沸点就要升高3℃。在深达300米的矿井里,水就要达到101℃才会沸腾。如果需要在200℃时使水沸腾,那么锅中的气压必须达到1418.2千帕。

利用以上原理,人们就制成了高压锅。高压锅的最大特点是密封性能好。当水达到100℃开始沸腾时,水蒸气分子无法从锅内逃逸出去,使锅内的气压逐渐升高。而气压的升高又导致了沸点的升高,于是锅中的食物能继续吸收热量,因此,食物容易煮熟。高压锅内的温度一般可达到120℃以上,在这样的温度下,淀粉容易糊化,因而米容易被煮成熟饭。为了防止高压锅内压力过大引起锅子爆裂，高压锅上都装有安全阀门。当锅内压力超过规定数值时，一部分高压蒸汽就会冲破安全阀门逃逸出去，从而使锅内保持一定的气压。

在低气压情况下，水的沸点也会降低，例如在珠穆朗玛峰上烧水，水达到73.5℃就开始沸腾了。在这样的温度下，食物是不容易煮熟的。因而在高原低气压地区，利用高压锅煮食物是最行之有效的炊事手段。

关键词：高压锅　沸腾　沸点　压强

为什么玻璃窗上
会结出漂亮的冰花

数九寒冬，早晨起床一看玻璃窗，呀！上面结满了漂亮的冰花，有的像兰花，有的像马尾松，晶莹透明。是谁在玻璃上描绘了这么多美丽的图画呢？

除了大自然，还有谁呢？这是严寒用冰描画出来的。

冰嘛，我们谁都看到过。结在水里的冰是一大片一大片的，那是因为水分子比较密，大量的水在结冰的时候，冰晶都互相缠结起来了；而雪花呈六角形，因为水蒸气分子比较疏，在凝结时，又没有受到外界不均衡的压力，冰晶以它自有的角度构成了它的外形。其实，大块的冰，它的冰晶也是六角形的，因为彼此纠缠着，我们看不出罢了。

玻璃窗上的冰花，原来也是六角形，当最初的冰晶凝成以后，就逐渐向四周发展，这时候情况就复杂起来了。有的时候风力大，有的时候风力小；而且玻璃有的光滑、有的毛糙，有的玻璃上积有污垢、有的一尘不染。这样，水蒸气蒙上去的时候，就不均匀了，有的地方水蒸气积得多些，有的地方积得少些。当冰晶向四周延伸的时候，遇到水蒸气积聚多的地方，冰就结得厚些；遇到水蒸气积聚少的地方，冰就结得薄些。在冰结得特别薄的地方，遇到一点点热或压力，又会立即熔化，因此形成了各式各样的花纹。这就跟我们画画差不多，颜料用得多些，画上的颜色就浓些；颜料用得少些，画上的颜色就淡些；不着颜料的地方，就是画纸原来的颜色。

关键词：冰　雪花　凝结

为什么飞机后面
会拖着一条白烟尾巴

听到头顶传来隆隆的飞机声，抬头望去，往往可以看到：飞机已经从头顶上掠过，后面却拖着一条白烟似的长长的尾巴，这条"白烟尾巴"会渐渐地扩散、变淡，最后消失。

也许你会想：这条尾巴大概是飞机燃料燃烧时产生的烟吧，就像汽车和助动车所排放的废气一样。其实，这条尾巴与其说是烟，不如说是云更为恰当，因为它和云更相似。

我们知道，云里面有许许多多小水滴和小冰晶，它们是由空气中的水蒸气凝结而成的。形成云需要两个条件：首先要有足够的水蒸气，并且达到了饱和蒸汽压；其次还要有充当凝结核心的尘埃和带电粒子。这样，达到了饱和蒸汽压的

水蒸气，就会在凝结核心周围凝结起来，形成小水滴或小冰晶。小水滴和小冰晶紧紧地抱在一起，就是一大片云。

知道了云是怎样形成的，我们再来仔细研究一番飞机的"白烟尾巴"。飞机向前飞的时候，机身原来所占的空间，需要由周围空气来填补，可是，飞机飞得实在太快了，可以超过声音的速度，而空气又是热的不良导体，周围空气填补过来的过程，相当于一个绝热膨胀过程，空气的温度会一下子降低。在高空中，本来就有很多水蒸气，温度一降低，饱和蒸汽压也跟着降低，周围的水蒸气就达到了饱和蒸汽压，这就满足了形成云的第一个条件。另外，飞机燃料燃烧的确排放出一些烟尘，这正好可以充当凝结核心。于是，飞机后面的水蒸气在这些尘粒的周围，迅速凝结了起来，形成许多小水滴和小冰晶，这就是我们看到的飞机后面长长的尾巴。

你可能会问，云可以在空中飘浮很长一段时间，而这条拖在飞机尾巴后面的"云"怎么很快就消散了呢？首先两者的体积不同，一朵云的直径至少有几十千米，云也会渐渐消散，但等到它完全消散，那要有比较长的一段时间。而飞机后面产生的云毕竟要小得多，所以很容易就消散开去。还有一个很重要的原因，就是飞机后面的云是在飞机飞过的一刹那，由于空气温度降低，饱和蒸汽压下降，水蒸气才达到了饱和蒸汽压。随着空气温度慢慢回升，水蒸气达不到饱和蒸汽压，小水滴和小冰晶又会逐渐蒸发成水蒸气，消失得无影无踪。

☞ 关键词：飞机　云　凝结　饱和蒸汽压
　　　　　绝热膨胀

为什么永动机是不可能制成的

从远古时代起，人类为了维持生存，发明和制造了各种机械，如斜面、滑轮、杠杆等。后来，随着社会物质文明的进步，人类又制造了许多机器。利用机器，人类创造了丰富的物质财富和精神财富。但是，无论对机器做出怎样的改进，人们发现，任何机械或机器都必须有外力作用才能运行，这些外力包括人力、畜力、风力以及现代化生产中的电力、水力、化学力、核力等等。而且，利用任何机器都只可能减少力的强度，改变力的方向，而不能减少力做的功，也就是说，要使机器干多少活，人们至少必须相应地供给机器多少能量，甚至更多的能量。一旦停止供应，任何一台机器就不可能一直运行下去。"既要马儿跑，又要马儿不吃草"的做法，这在实际生活中肯定是做不到的。

历史上，有些人曾经设想制造出两种永动机。第一种永动机就是把机器完全与外界隔绝，依靠机器自身的能量周而复始地运行下去。然而，无论设计方案多么细致、周到，甚至简直是"煞费苦心"，在实际制作中都以失败而告终。其原因是，在没有任何外力的作用下，机器运行过程中的摩擦阻力是无论如何消除不了的，它们只会一点一点地消耗机器自身的能量，而使机器最终无法运行。自然界存在一条普遍的物理定律——热力学第一定律，它是能量守恒定律在热学上的表现。它告诉人们：在没有任何外力供应能量的情况下，物体的能量既不能产生，也不会消失。在不可避免存在摩擦阻力时，机器的能量一旦在对付摩擦阻力上"弹尽粮绝"，就不可能再运行下去，永动机也就成了空想。

第二类永动机是指机器并不与外界完全隔绝，但只是单方面地从一个外界热源中吸取热量，而能周而复始地永动下去。这种机器也是不可能制造出来的。这是因为任何机器要维持运行必须与外界有两个通道交换热量。机器从一个通道中吸取能量，一部分用来完成人们需要它做的功，另一部分不可避免地从另外一个通道中散发开去。汽车的发动机就是一个典型的例子。没有汽油，汽车发动机"断了粮"，是不可能开动起来的，但是只有汽油，没有排出废气的通道，汽车也同样不可能永动下去的。物理学家通过大量实验总结出热力学第二定律，它告诉人们：能量的转化是有方向性的。人类不可能违背这个方向性去制造出永动机。在日常生活中，人们可以不停地搓手使手掌发热，这是功变热的过程。但是，汽车发动机从汽油中获得的热量却不会全部用于开动汽车，其中有一部分热量一定会"逃之夭夭"，这就表明热不可能全部转化为功，这就是热量与做功之间的单向性。还有，如果把一杯热

127

水和一杯冷水靠在一起，只允许它们互相传热，那么结果一定是热水降温，冷水升温，直至两杯水温度相等为止。谁也没有见过热水自动地从冷水中再获取热量继续升温，而冷水则再降温的现象。这就是热量传递的方向性。

总之，第一类永动机和第二类永动机都是不可能制成的，因为它们违背了已经被大量实验证明了的自然界能量变化的普遍定律。

☞关键词：永动机　能量守恒和转化定律
　　　　热力学第一定律　热力学第二定律

为什么一滴墨水在水中扩散以后
再也不会自动聚集起来

在日常生活中，扩散是一种很普遍的物理现象。例如，把一滴黑墨水放进一杯清水中，经过一段时间以后，墨水和清水完全混合在一起，原来透明无色的清水变成了稍微被染黑了的水。又如，把打开盖子的香水瓶放在一个紧闭门窗的房间里，不一会儿，整个房间就会弥漫着香水的气味。

扩散现象起因于分子的无规则热运动。当一滴墨水滴入一杯清水中，一开始，墨水分子聚集在一个区域的位置上，后来由于墨水分子与水分子发生激烈碰撞运动，墨水分子就均匀地分布到整个容器的空间区域上。香水分子的扩散也是如此。种种扩散现象告诉我们，扩散总是自发地从一种比较有序的状态（例如墨水和清水有一定的分界面）变化为无序的

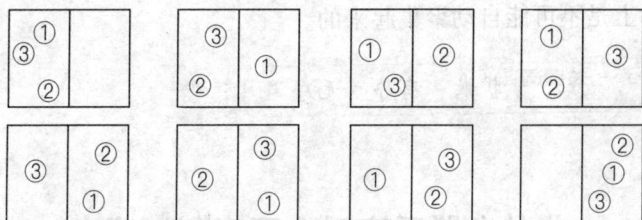

状态(例如两种物质完全混合)。

为什么扩散总是自发地从有序变为无序呢?原来,有序状态出现的可能性远远小于无序状态出现的可能性。为了说明这个扩散的本质,让我们假设有一个封闭的盒子,盒子的左半部放有三个气体分子,右半部没有气体分子。

由于气体分子的无规则运动,这三个分子在整个盒子的分布有八种可能。在这八种可能中,三个分子全部在左半部或右半部的有序状态只有两种,而三个分子中一个处在左半部(或右半部)另外两个处于另一半的相对无序状态却有六种。因此,就三个分子而言,出现无序状态的可能性是出现有序状态可能性的 3 倍。显然,分子数目越多,出现均匀分布的无序状态的可能性越大。一滴墨水或一滴香水中包含的分子数达上千亿个,因此,当这些分子扩散时,出现均匀分布的可能性远远大于聚集在某个局部位置上的可能性,这就是我们通常观察到的种种扩散现象总是自发地趋于均匀,趋于无序的原因。

从理论上讲,既然是无规则热运动,那么,已经扩散的墨水分子总会有某一时刻仍然聚集在一起,重新恢复一滴墨水的形状。但是实际计算表明,人们等待这种可能性出现的时间大大超过宇宙的年龄,因此,一滴墨水在水中扩散以后,实际上是不可能自动聚集起来的。

为什么脱毛衣时会听到"噼啪"声

晚上脱毛衣时，有时你会听到"噼啪"声，如果熄了灯，你还能看到一闪一闪的电火花哩！这是怎么回事呢？

你也许不会想到，在你身上刚刚经历过数百次的"电闪雷鸣"！这可不是危言耸听，美国物理学家富兰克林，早在 1752 年，就用他著名的风筝实验，证明了雷电就是自然界中

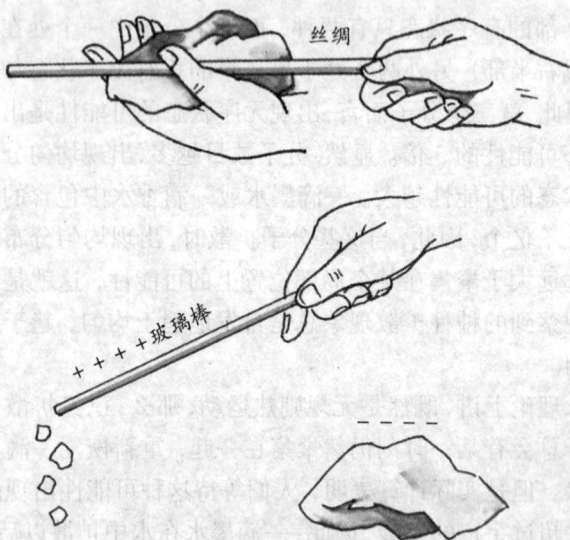

丝绸

+ + + +玻璃棒

的放电现象。当然，雷电的放电规模很大，而你身上所经历的只不过是放电规模很小很小的"微型雷电"，所以你会全然没有感觉到。可是，身上怎么带起电了呢？

我们知道，物质都是由原子组成的，原子里面包含有若干个电子，电子带有负电荷，原子核带有正电荷，当正、负电荷相等时，物质对外并不表现出电性。如果我们用毛皮摩擦橡胶棒、用丝绸摩擦玻璃棒，这些原来不带电的物体就会带上电，能够吸引起较小的纸屑。原来，当物体之间不断地摩擦时，由于不同物质的原子核对电子的吸引能力有强有弱，摩擦可以使一些电子从对电子吸引能力较弱的物体，跑到对电子吸引能力较强的物体上去，结果，失去电子的物体带上了正电，得到电子的物体带上了负电。这一过程就是摩擦起电，摩擦产生的电不会流动，称为静电。生活中摩擦起电的例子很多，比如当天气干燥时，用尼龙或硬橡胶梳子梳理干净的头发后，就有一些电子从头发跑到梳子上去，使头发带上正电，梳子带上负电。把梳子放在头发旁，头发会被梳子轻轻吸起来。

我们身穿毛衣，整天不停地活动，使得毛衣与衬衫之间、衬衫与皮肤之间不停地摩擦，摩擦会使衣服和我们的身体带上电荷。到了晚上脱毛衣时，一些正电荷和负电荷会发生中和，产生放电现象。于是，我们就听到"噼啪"声，看到一闪一闪的电火花。

你可能还有一些纳闷，身体带了电，会不会使人触电呢？别忘了，你身体带的是静电，并没有什么电流流过你的身体，所以对你不会产生妨碍。那么，在脱毛衣时有放电现象发生，不就有电流了吗？是的。可是，由于身体带的电量极少，只有

131

百万分之一库仑,即使放电时间为百分之一秒,电流大小也只有0.1毫安,与引起人体触电的电流50毫安相比,相差还很远呢!

虽然身上所带静电放电时产生的电流,对我们人体没什么伤害,但它却可能引起其他严重的后果。放电产生的电火花会点燃汽油引起爆炸,因此,油库工作人员应避免穿尼龙或涤纶衣物。另外,运送汽油的液罐车都拖着一条铁链"尾巴",这条"尾巴"的用途就是把车上积累的静电及时地传到地面上去。

静电也有可以利用的一方面。静电复印和激光打印就是用光学方法先形成一个静电潜像,靠静电的吸引力吸住墨粉,然后,像盖图章似的将墨粉转移到复印纸上,再加热使墨粉牢固地停留在纸上。范德格喇夫起电机也是用静电来加速离子,可用于半导体离子注入和核物理研究。

☞ 关键词:摩擦起电　放电　静电　雷电

闪电是怎样形成的

闪电总和雷鸣形影不离,因为闪电导致了雷鸣。在我们地球上,大约每秒钟就要发生100多次闪电。

早在1752年,美国科学家富兰克林就用他著名的风筝实验,证明了闪电是大气中的放电现象。但迄今为止,科学家们还没能够完全搞清楚云为什么带上电,又是怎样形成闪电的。我们仅仅获得了有关闪电的部分答案。

人们尚未弄清楚雷雨云是怎样积聚起了如此大量的电荷，但科学家确确实实地知道这些电荷的存在。载有探测仪器的气球升入云层中，探测到云的顶部带有正电，中下部带有负电。大多数科学家认为，电的这种分布是云里面的冰屑和水滴相互作用的结果。冰屑冻结带

有负电荷，它上面附着的水就带上正电荷，雷雨云中强烈上升的气流将带着正电荷的水滴带到云层顶部，就形成了雷雨云之中电荷上正下负的分布。

当云内积聚大量电荷时，电场就变得足够强，使本来绝缘性能很好的空气一下子变成电的良导体，电子就从云层中带负电的部分流向带正电的部分，迅速发生火花放电，这时便可以看到一次闪电。闪电可分为云内放电、云际放电和云地放电三种，前两种统称为云闪，第三种称为地闪。由于地闪和人类活动关系最为密切，人们研究得最多的也是地闪。

地闪是发生在云层底部和大地之间的强烈火花放电。当

雷雨云靠近地面时，在大地上感应出和云所带电荷异号的正电荷来，产生强大的电场。前面说过，当电场足够强时，它将击穿空气，产生一条电离通道，使之变成电的良导体。云层下部的负电荷就沿电离通道前进，因为它总是在空中寻找电阻最小的路径建立通道，所以，负电荷在行进的过程中就有可能改变方向，这便是看到的闪电常常曲曲折折的原因。当前进到距地面 10 米左右时，地面上所感应的正电荷被吸引，沿前面所建立的电离通道流向云端，伴随十分明亮的发光，即我们眼睛所看见的闪电。云层中的负电荷和地面上的正电荷这样来回一次，产生放电，称为一次闪击。而我们看到的闪电虽然持续不到 1 秒钟，却包含了数次闪击，有的多达 10 次以上。

闪电的电流可高达 10 万安培，当闪电通道内的空气温度上升到 20000℃，使得空气迅速膨胀，产生巨大压强，压强的传播形成了我们听到的雷声。声音的传播速度大致为 300 多米/秒，而光的传播速度要快 100 万倍，因此，根据从看到闪电到听到雷声的时间间隔，可以很容易地估算出闪电离我们的距离。

地闪常发生在地面上突出的物体处，因而雷雨天气不要到大树下避雨，因为在空旷的野外，大树最易被闪电击中，而呆在屋内或低洼处是比较安全的。也不要在水池中游泳或接近池塘，因为水是电的良导体，一旦被闪电击中，后果不堪设想。

☞ 关键词：雷雨云　闪电　云闪　地闪　火花放电

134

为什么高大建筑物上
要安装避雷针

　　夏季，常会遇到雷雨天气，你就能看到电闪雷鸣的景象。天空中，为什么会出现打雷和闪电呢？这实际上是云层之间，或者云层与大地之间的空气被极高的电压击穿，发生强烈放电的现象。这种放电的能量很大，电压有几亿伏，电流高达几万安培，放电中心的温度也达几万摄氏度，雷电威力是

很惊人的。如果这种放电发生在云层与高大建筑物之间的话，就会损坏建筑物和引起火灾；假使有人正在放电区或靠近放电区时，就会被雷电击中。这是一种自然灾难，人们通常称之为雷击。

许多高大建筑物上安装了避雷针，就是为了保护建筑物免遭雷击。避雷针是1752年美国科学家富兰克林发明的，它是怎么"避雷"的呢？

避雷针其实并不避雷，而是利用其高耸空中的有利地位，把雷电引入自身，承受雷击，从而保护了其他设备免遭雷击。避雷针装置由接闪器、引下线和接地装置三部分组成。装置的各部分都要求电阻很小，截面达到一定尺寸，以便承受得住巨大的雷击电流通过。作为受电端的接闪器，通常用直径大于4厘米的镀锌圆钢或钢管制成，长度约2米以上，它必须牢固地装在建筑物顶上或烟囱上方。引下线连接接闪器和接地装置，可用镀锌钢绞线或扁钢做成。接地装置要埋到地下一定深度，和大地接触良好，易于把雷击电流导入大地。也可用天然接地极如自来水管、污水管等作为接地装置。

另外，当带电的雷云接近建筑物或设备时，它们所感应的静电荷沿着避雷针顶端可以陆续进行尖端放电，与雷电相互中和，因而避雷针还可以避免发生感应雷击。

避雷针要装多高才好呢？当然是越高越好，装得越高，保护的范围也越大。但也不能太高，因为装高了，避雷针的牢度就成问题，让大风一吹，就会歪斜或倒下来，反而失去了避雷作用。因此，有些范围较大的建筑物上，往往装有好几根避雷针，同时起到保护安全的作用。

在郊外，遇到雷雨的时候，不要到大树下面去躲雨，因为雷云向地面放电时，总是从最近的通道放电，高出地面的大树，就是很好的放电通道，我们往往看到打雷的时候总是击毁一些高大的树木，如果你躲在树下避雨，那就有被雷击的危险。

关键词：避雷针　放电　雷击

为什么磁铁能吸铁

磁铁就是吸铁石，你玩过吸铁石吗？用吸铁石可以吸起铁钉、回形针等铁做的东西，非常好玩。

磁铁为什么会吸铁呢？这要从物质的结构谈起。

物质大都是由分子组成的，分子是由原子组成的，原子又是由原子核和电子组成的。电子在原子中不停地自转，并绕原子核旋转，电子的这两种运动都会产生磁性。但是，在大多数物质中，电子运动的方向各不相同、杂乱无章，这就使得物质内部的磁效应相互抵消。因此，大多数物质在正常情况下，并不呈现磁性。

而磁铁就有所不同。磁铁一般是由铁、钴、镍或铁氧体等铁磁质材料做成的，磁铁的磁性主要来源于电子的自旋。在铁磁质中，电子自旋可以在小范围内自发地排列起来，即在这个小范围内的各个原子中的电子，都保持着一致的自旋方向，形成一个小的自发磁化区，这种自发磁化区就叫做磁畴。磁畴的大小不一，大致说来，每个磁畴约占 10^{-9} 立方厘米的体积，约含 10^{15} 个原子。因为一个磁畴中的所有原子磁性

137

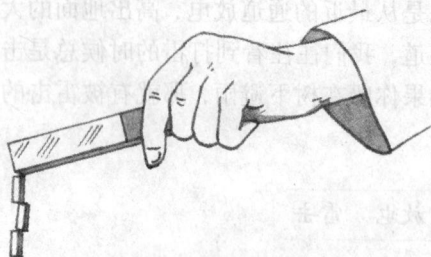

方向一致，叠加的结果是磁性相互加强，一个磁畴就相当于一个"小磁铁"，铁磁体就是由大量这样的"小磁铁"构成的。

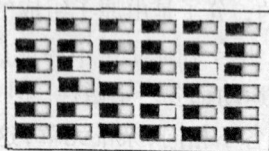

在磁化前，铁磁材料内部的各个磁畴的磁性方向不同，它们各自为政，朝什么方向的都有，结果，不同方向的磁场互相抵消，对外还是不显磁性。然而，当外加强磁场后，它们就统统地沿磁场方向排列了起来，我们说铁磁质受到了磁化，它就变成了一块磁铁。可是，铜、铝、铅等非铁磁材料中的电子，却好像一群不听话的孩子，尽管外加再强的磁场，仍不肯听从"口令"而"整齐列队"，而是自顾自地杂乱运动着，所以这些物质不能磁化，也就没有磁性。

磁铁所以能吸铁，就是因为具有磁性的磁铁在靠近铁块时，磁铁的磁场又使铁块磁化，磁铁和铁块不同极性间产生吸引力，铁块就牢牢地与磁铁"粘"在一起了。然而，铜、铝、铅等金属不能被磁铁的磁场磁化,产生不了磁性,因此,磁铁对它们也就无能为力了。

我们通常见到的永久性磁铁有人工磁铁和天然磁石两种。人工磁铁是人为地将铁磁性材料放入磁场中,使其磁化,在外界磁场撤去后,铁磁性材料中的电子仍保持"整齐列队",对外呈现很强的磁性;而天然磁石是自然界中一种铁矿石,它是在地球磁场的磁化下,带有了永久磁性。

关键词:磁铁　磁畴　磁化
　　　　人工磁铁　天然磁石

为什么烧红的磁铁吸不住铁

知道了磁铁的吸铁原理,但是,你是否试验过,如果将磁铁烧得通红后,它还能不能吸住铁?还有没有磁性呢?

实验证明,磁铁烧红后,它就失去了磁性。这是为什么呢?

我们知道,磁铁具有磁性,是因为磁铁内部整整齐齐排列着很多方向一致的磁畴。当铁

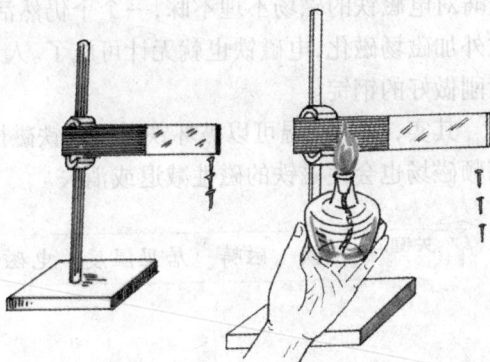

钉等靠近磁铁时，被磁铁的磁场磁化，也变成了一块"小磁铁"，两者不同的磁极相互吸引，磁铁就把铁钉吸住了。

但是，随着温度的升高，磁铁内部的分子热运动加剧，这时，磁畴的排列方向就不那么规则了，前后左右晃来晃去，一个个磁畴变得自由散漫，渐渐趋于无序状态，结果导致磁性减弱。当磁铁烧得通红，温度升高到某个数值时，剧烈的分子热运动使磁畴回到完全无序状态，磁铁便完全失去了磁性。材料学家把铁磁质完全消失磁性的温度称为"居里温度"。钢铁的居里温度是 769℃。

现在你知道，烧红的磁铁为什么吸不住铁了。同样的道理，如果反过来将铁钉烧得通红，磁铁也是吸不住它的。在炼钢厂里，人们用电磁起重机吊起生铁等原料投入炼钢炉中，却无法用电磁起重机搬运刚刚生产好的钢锭。电磁起重机上有一个很大的电磁铁，利用电磁铁吸住生铁自然没问题，但是对付刚刚凝固的钢锭，电磁铁就显得无能为力。因为钢锭的温度高达 1400℃，即使稍事冷却，短时间内也有上千摄氏度的高温，远远超过钢铁的居里温度，钢锭失去了铁磁性，里面的磁畴对电磁铁的磁场不理不睬，一个个仍然活跃得很。钢锭不被外加磁场磁化，电磁铁也就无计可施了。人们只好用行车搬运刚做好的钢锭。

其实，除了高温可以破坏铁磁质的铁磁性外，剧烈振动、高频磁场也会使磁铁的磁性减退或消失。

关键词：**磁铁　磁畴　居里温度　电磁铁**

电是从哪儿来的

电在我们生活中所起的作用是不言而喻的。洗衣机、电冰箱、微波炉、电视机……各种家用电器都离不开电,工厂、学校、商店也不能没有电,人们用电来照明、取暖、制冷、通信……有了电,我们的生活越来越舒适、越来越方便。那么,电是从哪里来的呢?

我们通常使用的 220 伏的市电,是从发电厂来的。在发电厂里,发电机发出电来,再通过各种输电线路送到千家万户。

那么,电就是发电机"制造"出来的啰?不!电不是凭空制造出来的,电就是电能,它是一种能量。我们平时说用了多少电,其实是指消耗了多少电能。比如使用电取暖器要用电,这时就是把电能转换成热能。而发电机恰恰相反,它是把其他形式的能量转换成电能。

在水力发电厂里,流动的水具有机械能,当流水推动水轮机,使发电机的磁铁组旋转,产生变化的磁场,变化的磁场进而在周围的线圈绕组内感应出电流,于是,发电机就发出电来。因此,水力发电是将流水的机械能转换成了电能。在风力发电厂里,一排排巨大的风涡轮同时转动,带动发电机发出电来,这是消耗流动空气的机械能,来产生电能。在火力发电厂里,燃烧煤、石油、天然气等燃料,把锅炉里的水烧成水蒸气,水蒸气推着涡轮机转动,就发出电来。这是将燃料燃烧时所释放的化学能,转换成了电能。

随着电能使用越来越广泛,人们对它的需求量也越来越大,而地球上所储藏的煤、石油、天然气等自然资源又逐渐耗竭。以目前消耗的速率来算,石油的储量仅够人类使用70年左右。煤的资源虽略为丰富一些,但最多也只够使用500年。能源枯竭已经成为人类面临的一个严峻问题。

科学家发现,在原子核中蕴藏着巨大的能量,叫原子能。1千克铀－235发生裂变反应时所释放的原子能约相当于2700吨标准煤燃烧时释放出的能量。能不能用原子能来发电呢?在核电站,就是靠"燃烧"核燃料来发电的。现在使用的核燃料主要是铀和钍。另一种核燃料——氘,可以释放更多的能量,海水中氘的储量可供人类使用1000万年!怎么利用氘里面的能量呢?科学家还在不断地研究探索。由于技术上难度太大,目前还不可能用它来发电。原子能的和平利用是当今物理学的一个前沿课题。

☞关键词：电能　　发电厂　　发电机　水力发电
　　　　　风力发电　火力发电　原子能　核电站

为什么鸟儿停在电线上不会触电

大家都知道,如果人站在地面上接触到带电的高压线,会发生触电的危险。可奇怪的是,我们常常看到一些鸟儿,悠闲地停在裸露的高压电线上,叽喳了一阵子之后又安全地飞走了。为什么鸟儿不会触电呢?

这并不是鸟儿有什么特殊的本领,你看,它们都是停在一根电线上。这时,它们的身体只接触到一根电线,没有构成电路,也就没有电流从它们的身上流过,所以不会触电。如果我

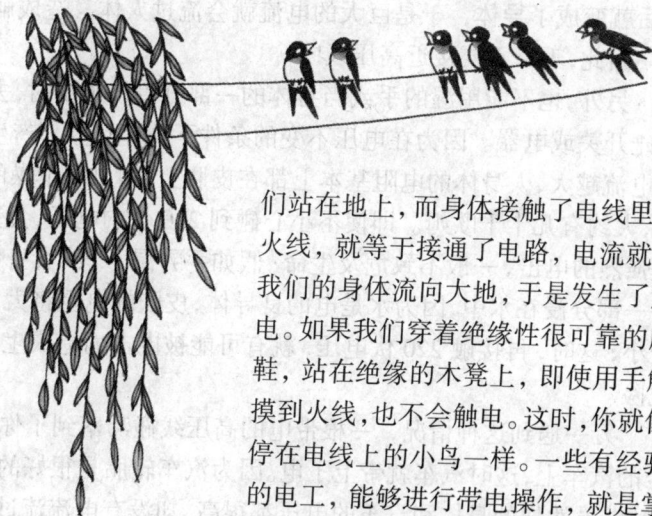

们站在地上，而身体接触了电线里的火线，就等于接通了电路，电流就从我们的身体流向大地，于是发生了触电。如果我们穿着绝缘性很可靠的胶鞋，站在绝缘的木凳上，即使用手触摸到火线，也不会触电。这时，你就像停在电线上的小鸟一样。一些有经验的电工，能够进行带电操作，就是掌握了这个原理。

既然没有电流流过，电压再高也不会触电。那么，为什么在高压线附近会有危险呢？

那是因为当人走近高压线时，站在地面上的人体受高压感应，如果距离太近，人体和高压线之间的空气层就有可能被击穿。本来空气是很好的绝缘体，被击

穿后就变成了导体,于是巨大的电流就会流过人体,造成触电。因此,千万不要接近高压线!

另外,也不能用湿的手或当身体的一部分浸入水中时,去触碰开关或电器。因为在电压不变的条件下,电阻越小,产生的电流越大,人身体的电阻基本上都在皮肤上,如果手干燥的话,大约有几十千欧姆。即使不小心碰到220伏的电压,会受到强烈的电击,一般不致危及生命;假如手弄湿了,或者身体的一部分浸在水中,因为水是电的良导体,皮肤的电阻将大大变小,这时,再接触220伏电压,就有可能被电击而造成生命危险。

万一遇到这种情况,一根带电的高压线碰巧落到了你乘坐的汽车上,这时汽车就带上了电。因为汽车轮胎是很好的绝缘体,虽然你的身体和汽车的电压都很高,却没有电流流过你的身体。因此呆在汽车里面是很安全的,并不会触电。记住:千万别走出汽车!因为当你的脚一落地,汽车上的电就会通过你的身体流到大地,在你身体中产生强大的电流,那才真正危险呢。

为了防止触电,不要在输电线附近放风筝,高压电流有可能沿着风筝线传到你手上;不要爬电线杆,上面的高压能置人于死地;别试着把手指插到电灯插座里,你的身体一旦构成电路就有电流流过;不要接近掉落的电线;如果有人被电"吸"住了,不能用手碰他,赶紧找干燥的木杆或竹竿挑开电线。

电和火一样,是一位有用的"仆人",只要掌握它的规律,就能使它更好地为我们服务,而不受其害。

关键词:触电　电流　高压电　绝缘体　导体

为什么保险丝能保险

　　家里的电灯如果忽然熄了，我们总是先检查保险丝有没有烧断，绝大多数的毛病都是出在这里。既然保险丝这么容易烧断，为什么不能换一种不易烧断的金属丝来代替它呢？其实，保险丝烧断的时候，正起着保护安全的作用呢。

　　保险丝是一种熔点很低的合金丝，将保险丝安装在家用电表处，就能将电路中电流的大小限制在一个安全的范围内。我们知道，用电过度，或者电路中发生短路，都会导致电路中的电流过大，这是非常危险的。它不仅会损坏各种电器，电流产生的热效应还会使导线上产生过多的热量，烧坏导线的绝缘层。绝缘层一旦失去了绝缘作用，就会发生短路、漏电等各种用电事故，造成火灾、触电等不可想像的后果。

　　电路中安装了保险丝，就可以有效地防止此类事故的发生。当有一股强电流通过时，电流流过保险丝会在保险丝上产生大量的热，而保险丝的熔点又比导线中的金属丝低，一旦电流超过一定的数值，保险丝就会被熔化，电路也随即被切断，这股强电流就不能进入用电线路，避免了各类事故的发生。若是用铜丝来代替保险丝，铜丝的熔点很高，即使有强电流进来，也不会熔断，就不能够达到自动切断电流的目的，容易发生危险。

　　当然，不同的地方、不同的电器所需的电流大小也不一样，因而要根据具体情况选择不同规格的保险丝。保险丝的直径越大，它允许通过的电流就越大。通常选用保险丝的额定电流，要比用电线路上的工作电流稍大一些。如果选用的保险丝额定电流太小，用电线路上就无法得到所需大小的电流；相反，如果选用的保险丝额定电流太大，又起不到保险的作用。

在家用电器上，常标有额定功率和额定电流的数值，这就是电器正常工作时所需电流的大小。所以，很多电器里也安装有保险丝，在通过它的电流过大时，保险丝会自动熔断，保护电器不受损坏。

关键词：保险丝　电流

为什么点亮荧光灯时起辉器先闪几下

白炽灯只要一通电，立刻就亮起来，而点亮荧光灯时，常常可以看到起辉器先闪几下。这是为什么呢？

这要从荧光灯的发光原理说起。荧光灯的灯管里面充有少量的水银和氩气，灯管的两端装有电极。从阴极发射出的电子，与管内的氩气分子发生碰撞，可以产生更多的电子，这些电子进一步激发水银蒸气放电，辐射出不可见的紫外线，当紫外线照射到灯管内壁涂覆的荧光物质，就发出可见光。可是，要使阴极发射出电子，并使发射出的电子具有足够的能量，与氩气分子碰撞出更多的电子，就必须在灯管的两极加上一个很高的电压，普通的 220 伏电压无法提供电子碰撞所需的能量。因此，点亮荧光灯需要一个比 220 伏高得多的启动电压，而这个启动电压就是由起辉器和镇流器密切配合产生的。

当荧光灯接通电源后，灯管内并没有发生放电现象。倒是起辉器氖管中的双金属片之间发生辉光放电，发出红色的光。辉光放电产生的热量使得起辉器中的双金属片温度升高，于是，动触片弯曲程度发生变化，当它碰到静触片时，辉光放电停止，于是起辉器就不亮了。

由于辉光放电的停止，动触片慢慢冷却下来恢复到原来的形状，当它离开静触片时，电路被打开，电流中断。在电流中断的刹那间，镇流器上感应出很高的电压，可以高达1000伏特，连同电源电压一起加在灯管两端的电极上，将荧光灯点亮。

如果通过上述过程一次不能把荧光灯点亮，起辉器里面的氖管就会亮起来又熄灭、熄灭了又亮起来……这样重复好几次，我们看到起辉器不停地闪烁，直到把荧光灯点亮为止。荧光灯点亮后，电流增加很快，镇流器就是用来把电流限制在额定电流大小的装置。同时，灯管内水银蒸发，两端电极之间的电阻大大减小，因此两端电压也下降，于是，和它接在一起的起辉器便不再发生辉光放电，也不再亮起来了。

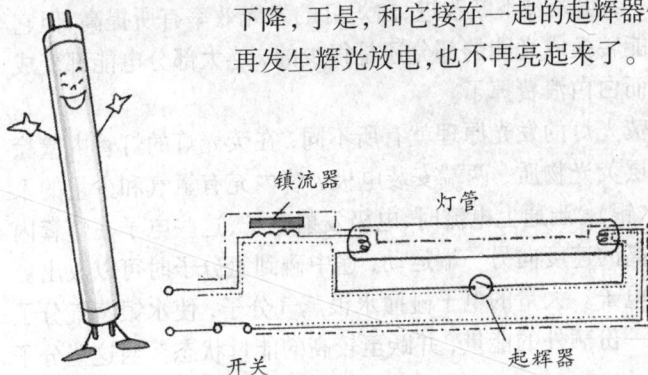

如果供电电压偏低或者在冬天寒冷的天气，荧光灯点亮就难一些，起辉器便要多闪几下。如果电压太低了或者灯管太旧了，就无法把荧光灯点亮。

为什么荧光灯比白炽灯省电

一盏 40 瓦的荧光灯，看上去和一盏 150 瓦的白炽灯差不多亮，但它消耗的电能却比白炽灯少。也就是说，荧光灯的发光效率比白炽灯高，用起来比白炽灯省电，这是为什么呢？

根本的原因在于荧光灯和白炽灯的发光方式不同。白炽灯是靠电流通过灯丝产生的热效应来发光。任何物体被加热到 525℃ 以上时，都会发光，而且，发光的效率随温度的升高而升高，所以，通常选用高熔点的钨丝（熔点为 3410℃）来做灯丝。虽然经过不断改进，白炽灯的发光效率有所提高，但它把电能转换成光能的部分还是很少的，绝大部分电能都变成热能而白白浪费掉了。

荧光灯的发光原理就有所不同，在荧光灯的灯管内壁涂有一层荧光物质，两端安装电极，管内充有氩气和少量的汞（即水银）。当通上电流时，电极发射电子，这些电子在灯管内以极高的速度向另一端运动，途中碰到氩分子时可以放出更多的电子。大量的电子碰撞水银蒸气分子，使水银蒸气分子获得一份额外的能量，并跃至较高的能量状态。当这些分子

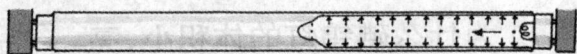

从高能量状态返回到正常能量状态时，就把多余的能量以紫外线的方式发射出来。紫外线并不可见，但它被管壁上的荧光物质吸收后，荧光物质就发出可见光来。由此可见，在荧光灯的发光过程中，热量的产生很少，它发出的光是一种冷光。这就使得荧光灯的发光效率大大提高，比白炽灯更省电。

不同的荧光物质可以发出不同频率的光，在我们眼睛看来就是不同颜色的光。若选择适当的荧光物质，就可以使荧光灯的灯光和日光很接近，这就是我们通常说的日光灯。

萤火虫也会发光，发出的光也是冷光。而且，萤火虫的发光效率比荧光灯还要高得多。怎样向这些动物学习，进一步提高发光效率，是科学家很感兴趣的问题。

关键词：白炽灯　荧光灯　发光效率　冷光

为什么碘钨灯的体积小、亮度高、寿命长

自从爱迪生发明电灯以来，人们对小小的灯泡做了许多研究和改进。将灯泡内抽成真空，可以防止灯丝氧化；再充入惰性气体(如氩)，又能减少钨丝受热蒸发。但是，这种灯泡的寿命还是不长，用久了，它的亮度也会逐渐减弱。这是由于钨丝发光时，表面的钨会逐渐升华，钨蒸气跑到灯泡内壁上，遇冷又变为固态钨沉积在玻璃泡上，使灯泡变黑。同时，钨丝也越来越细，最后断掉。

为了延长灯泡的寿命，消除灯泡发黑的现象，人们又做了一番研究，终于制造出了充碘的白炽灯，简称碘钨灯。碘钨灯不像普通白炽灯那样呈球状，它的外形呈管状，灯管是用石英做成的，石英可以耐高温。当碘钨灯工作时，钨丝的表面同样会发生升华，产生钨蒸气。但是，当温度在250℃以上时，钨蒸气可以和灯管内的碘化合，生成碘化钨气体，这样钨就不会沉积在灯壁上了。生成的碘化钨气体，靠近温度极高

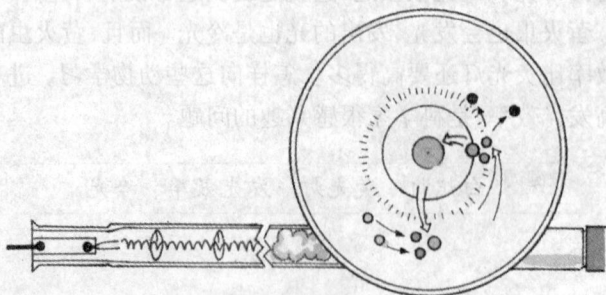

(1400℃以上)的灯丝时,又立刻分解成碘和钨,这样就把升华出来的钨又送回到灯丝上。碘在灯管里不断把从灯丝升华出来的钨送回去,就延长了灯的寿命。为保证钨与碘能够化合,灯内的温度不能降到250℃以下。因此,碘钨灯的灯管不宜做大,结构总是很紧凑。

碘钨灯不仅体积小,而且有了碘做"运输兵",灯丝的温度也能够提高了,这就使发光效率和亮度都得到了提高。

碘钨灯的用途很广泛,除了可以用来照明飞机场的跑道、球场、广场、车间、街道、剧院以外,还能用于电影、摄像等,既轻便又安全,效果又好。由于碘钨灯比普通的白炽灯产生更多的紫外辐射,当被照射物体对紫外线敏感时,要多加注意。如果用溴代替碘充入灯管内,就可以制成溴钨灯。溴钨灯的工作原理和碘钨灯是一样的。由于碘和溴都是卤族元素,所以碘钨灯和溴钨灯又被统称为卤钨灯。

关键词:白炽灯 碘钨灯 卤钨灯 升华

为什么变压器能够改变电压的高低

当你走过变电站时,听到里面嗡嗡作响,这是变压器在繁忙地工作呢!变压器,顾名思义,就是能改变电压的大小,从高变到低,或者从低变到高。

变压器为什么能够改变电压的高低呢?我们先来了解一下变压器的结构。虽然变压器有很多类型,大小差别也很大,但它们的基本结构是相似的,都是在同一个铁心上绕两组线圈，这两组线圈分别叫做初级线圈和次级线圈。电流从初级线圈流进去，从次级线圈流出来。如果初级线圈的圈数比次级线圈多，次级线圈上的电压就会降低，这就是降压变压器；反之，如果初级线圈的圈数比次级线圈少，次级线圈上的电压就会升高，这就是升压变压器。

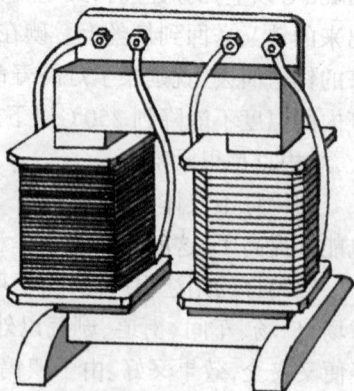

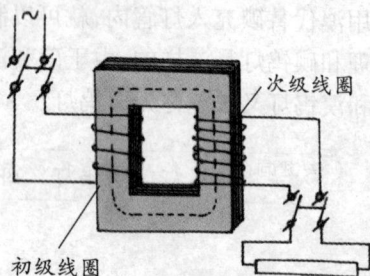

其实，变压器的工作原理并不复杂，根据电磁感应原理，当一个导电的物体处于变化的磁场中，在导电体中就能够感应出电流来。将变压器接在交流电网中，电流就输入到变压器的初级线圈，这时，电流周围会产生磁场。由于输入的交流电的电流方向不断改变，就会产生一个和电流同步变化的磁场，所产生的磁场沿变压器的铁心构成一条闭合回路。由于磁场的大小与方向不断改变，从而在次级线圈内感应出电流来。因为在每一圈线圈上的电压都相等，所以，次级线圈圈数越多，从次级线圈输出的电压就越高。

次级线圈

初级线圈

如果将直流电输入到变压器呢？由于直流电的电流方向始终不变，产生的磁场方向也就不会发生变化，于是，在次级线圈上也不会感应出电压。所以，变压器只能改变交流电的电压。

用电的地方几乎都少不了变压器。在发电厂里，从发电机产生的电，首先要通过巨大的变压器，把交流电压升高到几万伏特或几十万伏特的高压，然后通过输电线路送到工厂、学校、家庭等用电的地方，通过远距离高压输电可以大大地减少输电线上损耗的电能。到了用电的地方，又要通过变压器把电压降低到几百伏特，供工厂开动机器或家庭使用电器。当然，还有一些更小的变压器，可以将照明电网中的电压降到只有几十伏、几伏，供收音机等家用电器使用。

使用日常的小型变压器时，用手摸一摸，变压器总是热的，这是因为电流经过变压器时产生了热量。在高压系统中使用的变压器，由于电流产生的热量使变压器变得很热，为了维持变压器的正常工作，通常将变压器放在油箱中，这样既可以让变压器尽快冷却，又可以保持良好的绝缘性能。

关键词：变压器　电压　初级线圈
　　　　次级线圈　电磁感应　交流电

什么是漏电

凡是在不应通电的地方发生了通电的现象，就是漏电。为什么会漏电呢？原因很多，但主要发生在输电线路上。例如，路边的树木长高了，穿过了电线，电线与树枝不断地摩擦，擦破了外面的绝缘层，导线就和树枝接触，遇到下雨，潮湿的树枝也可以导电，于是就发生了漏电。又如室内的电线使用久了，绝缘层会脆硬断裂，原来绝缘的地方不再绝缘了，就会局部导电，这也会发生漏电。

漏电不仅白白消耗电能，造成浪费，还会给人们带来危害。在漏电的地方，由于漏电电流不断产生热量，如果热量不能及时散发出去的话，那儿的温度就会越来越高。温度升高到一定程度，就能点燃橡胶绝缘层、木头等导线周围可以燃烧的物质，引发火灾。漏电电流越大，产生的热量就越多，因此也就越危险。

漏电还会对人体直接造成伤害。如果人体接触到了漏电电流，电流小时，可能只使人感到一点麻木；电流大时，就会使人感觉到强烈的电击；电流再大，人就会被"粘住"，无法自己摆脱电流，危及生命安全。如果遇到这种情况，应先切断电源，再设法营救触电的人。

为防止漏电，除经常检查线路外，还要注意：电器的电源线磨损后应及时更换；不要让电线在地毯下经过，人经常在上面走动会把电线的绝缘层磨破；不使用的电器要及时关闭电源，等等。

关键词：漏电　触电　绝缘层

为什么远程电力传输要采用
超高电压传输

从发电厂的发电机发出来的电只有 1000 伏到 2 万多伏,在电力传输过程中,先要用升压变压器将电压升高到几十万伏后,才接入输电电网;到了用电的地方,再用降压变压器将电压逐级降低到所需要的电压。为什么在电力传输过程中要采用超高压传输呢?

采用超高电压输电的主要目的,是为了减少在传输线路上电能的浪费。我们知道,电炉通电后发热,是因为电流通过电阻丝时把电能转换成了热能的缘故。同样道理,输电线也有一定大小的电阻,即使使用电阻率很小的铝或铜作电线,但远距离输电时用的电线很长,它的电阻就不能忽视了。这时,电能在输电线上转换成热能的部分,就成为一个相当可观的数字,这部分电能就在传输过程中白白浪费掉了。

你一定会想,有没有办法减小或者消除输电线的电阻呢?办法是有的,但是并不合算。减小输电线电阻最简单的办法是增大它的横截面积,这样一来,不仅使制作导线的材料需求量大大增加,而且因为电线加重,支撑电线用的电线杆、电线塔也要加固,整个输电线路的费用将大大上升。科学家发现,当一些材料的温度降低到某一数值后,电阻会完全消失,即发生超导现象。但迄今为止,人们发现的临界温度最高的超导材料,也要达到零下 100 多摄氏度,电阻才会消失。所以,用超导材料来输电,与实际应用还相距甚远。

物理学知识告诉我们:在电阻不变的条件下,它所消耗的功率和电流的平方成正比。因此，减小电流是减少电能传输浪费的另一途径。怎样才能减小电流呢？因为传输功率等于电流和电压的乘积，在传输功率一定的情况下，可以用升高电压来达到减小电流、减少电能传输浪费的目的。比如要传输 200 千瓦功率的电，如果使用 2 千伏的电压进行传输，输电线中的电流为 100 安。再假设输电线的电阻为 10 欧姆，那么在输电线上损失的功率便是 100 千瓦，占整个传输功率的一半。如果传输电压升高 100 倍，达到 200 千伏的话，输电线中的电流便只有 1 安，这时，输电线上功率损失只有 10 瓦，仅仅相当于采用 2 千伏电压传输所损失能量的万分之一。

既然提高传输电压能减少电能传输浪费，那么，传输电压能不能无限制提高呢？答案是否定的。由于传输电压的提高会带来别的问题，比如电线与电线之间空气被击穿，突然停电时会发生弧光放电……目前，在远距离电力传输中所使用的超高电压为 50 万 ~ 100 万伏，要想进一步提高输电电压，还有许多技术上的难题需要解决。

在郊外，你会看到高高的输电线钢塔上面悬挂着许多陶瓷绝缘装置，那就是为超高电压输电所设计的，设计者不仅要保证输电线路的安全，同时也考虑到了造型的美观。

关键词：远程输电　超高电压输电
　　　　功率　电压　电流

什么是磁流体发电

我们知道，在水力发电厂里，是利用水流的力量推动发电机涡轮进行发电；在火力发电厂里，通过燃料燃烧，将锅炉里的水变成水蒸气，再利用水蒸气的力量带动发电机发电。传统的发电机，都是利用线圈相对磁场转动来发电，因为线圈相对磁场运动时，它两侧不断地切割磁力线，线圈中就会产生感应电流。而磁流体发电，则是将带电的流体（离子气体或液体）以极高的速度喷射到磁场中去，利用磁场对带电的流体产生的作用，从而发出电来。

我们先来认识磁流体发电中的带电流体，它们是通过加热燃料、惰性气体、碱金属蒸气而得到的。在几千摄氏度的高温下，这些物质中的原子和电子的运动都很剧烈，有些电子甚至可以脱离原子核的束缚，结果，这些物质变成自由电子、

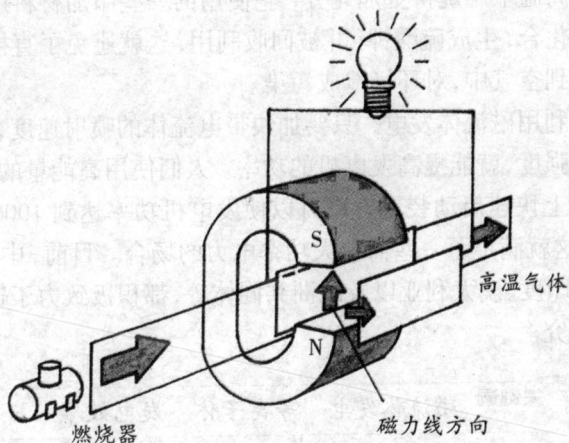

燃烧器　　　　　　　　磁力线方向　　高温气体

失去电子的离子以及原子核的混合物，这就是等离子体。将等离子体以超音速的速度喷射到一个加有强磁场的管道里面，等离子体中带有正、负电荷的高速粒子，在磁场中受到洛伦兹力的作用，分别向两极偏移，于是在两极之间产生电压，用导线将电压接入电路中就可以使用了。

　　磁流体发电的最大好处是可以大大提高发电效率。普通的火力发电，燃烧燃料释放的能量中，只有20%变成了电能。而且，人们从理论上推算出，火力发电的效率提高到40%就已达到了极限。而用磁流体发电，可以将从磁流体发电管道里喷出来的废气，驱动另一台汽轮发电机，形成组合发电装置，这种组合发电的效率可以达到50%。如果解决好一些技术上的问题，发电效率还有望进一步提高到60%以上。

　　磁流体发电的另一个好处是产生的环境污染少。利用火力发电，燃烧燃料产生的废气里含有大量的二氧化硫，这是造成空气污染的一个重要原因。利用磁流体发电，不仅使燃料在高温下燃烧得更加充分，它使用的一些添加材料还可以和硫化合，生成硫酸钾，并被回收利用，这就避免了直接把硫排放到空气中，对环境造成污染。

　　利用磁流体发电，只要加快带电流体的喷射速度，增加磁场强度，就能提高发电机的功率。人们使用高能量的燃料，再配上快速启动装置，就可以使发电机功率达到1000万千瓦，这就满足了一些需要大功率电力的场合。目前，中国、美国、印度、澳大利亚以及欧洲共同体等，都积极致力于这方面的研究。

　　关键词：**磁流体发电　　等离子体　　发电效率**

为什么电鳗能产生电

电鳗其实不是鳗，而是和鲤鱼同属于鲤形目的一种鱼，它生活在南美洲的奥里诺科河和亚马孙河一带。因为它长长的身体和鳗很相似，靠释放电来捕食和自卫，人们通常称之为电鳗。

电鳗是怎样产生电的呢？这和它的身体结构有关。它的身体中大约有五分之四那么长是由产生电的细胞组成，这些神经末梢细胞紧密排列，一个细胞就相当于一节小小的电池。通

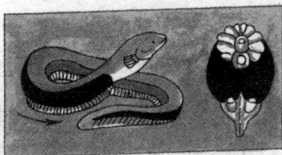

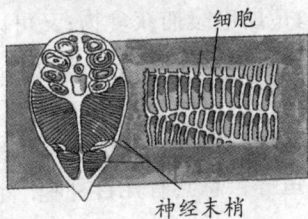

细胞

神经末梢

常一个细胞长 0.1 毫米左右，能产生 0.14 伏的电压，很多这样的细胞排列在一起，就像把许许多多的电池串联起来一样，可以得到很高的电压。就像你使用的半导体收音机需要 3 伏的电源，你可以用两节 1.5 伏的电池串联起来，得到一个 3 伏的电压。

在一条小的电鳗身体中，1 厘米长度内可以有 230 个能产生电的神经末梢细胞，也就能产生 32 伏的电压。大的电鳗，每厘米身体长度内的细胞数少一些，可细胞的体积要大一些，它的身体也长。这些细胞集中在电鳗的尾部。

当电鳗发现了猎物或遇到了危险，它就释放强大的电流，电压可以高达 400 ~ 600 伏。放电既可以杀死或击晕青蛙、小鱼等，帮助电鳗捕获食物；又可以在遇到危险时，击中敌害，帮助电鳗自卫。除此之外，放电还可以为电鳗导航，因为电鳗长大后变得双目失明。

除电鳗之外，还有许多可以产生电的鱼类，比如电鲇鱼、电鳐鱼等，总共有几百种哩！它们的放电原理和电鳗是一样的。

关键词：电鳗　放电

石英钟表是怎样计时的

由于石英钟表具有价格便宜、走时准确、使用方便等优点，它们的应用越来越普遍。大家知道，机械钟表的核心构件是控制指针的游丝和摆轮，那么，石英钟表是用什么方法来计时的呢?

石英钟表的表面一般都标有"QUARTZ"的英文字样,意为石英。石英钟表的"心脏"便是里面的一小块石英晶体。

石英即二氧化硅,它是砂石的主要成分,但是砂石里面还含有许多其他杂质。由纯净的二氧化硅分子,通过规则的排列,构成一大块晶体,这就是石英晶体。当石英晶体受到压力发生形变时,在它的两侧就能产生出电压来,这叫做压电效应。利用石英晶体所具有的压电效应,可以把机械振动信号转换成交变的电信号。人们又知道,石英晶体的振动频率取决于晶体的形状和几何尺寸,如果按一定方向切割晶体,可以使它的振动只有一个频率,即晶体的固有振动频率。用石英晶体的固有振动频率去控制电子电路,产生相同频率的交变电场,再经过分频器分为所需要的低频,便可以驱动钟表的指针走动,指示相应的时间。

钟表走时的准确性,主要取决于它所使用的振荡元件的振动频率。振荡元件的振荡频率越高,单位时间里的误差就越小,钟表的走时就越准确。石英钟表里所用的石英晶体的固有振动频率可高达 65536 赫兹甚至更高,而机械手表的振动频率只有几个赫兹,所以,石英钟的走时要比机械手表精确得多,每天误差可以不超过万分之一秒! 同样的道理,利用频率更高的原子振荡,科学家可以制造出走时 100 年累计误差不到 1 秒的原子钟。

关键词: 石英晶体　钟表　压电效应　振动频率

为什么节能灯能节能

荧光灯比白炽灯省电,因为荧光灯发出的是冷光,它不需要像白炽灯那样,将很多电能转换成热能,白白消耗掉。所以,荧光灯的发光效率相当于白炽灯的 4 倍。但是,人们还想进一步提高荧光灯的发光效率。

电光源科学家注意到,荧光灯的发光效率和灯管内壁所用的荧光物质有关。早期荧光灯用硅酸锌铍、钨酸镁、硼酸镉等的混合粉末作为荧光物质,发光效率是 40 流/瓦(流是光通量的单位)。后来,用卤磷酸钙作为荧光物质,荧光灯的发光效率提高到 60 流/瓦。

20 世纪 80 年代初,由荷兰飞利浦公司研究制成的稀土三基色荧光灯,又使得荧光灯在节省电能方面朝前跨出一大步,这种被称为第三代新光源的荧光灯又叫电子节能灯。电子

节能灯能节约电能,是科学家对灯具的发光系统动了两大"手术"以后取得的。"手术"之一是对荧光灯赖以发光的荧光粉加以改革。这种新型的荧光灯采用由稀土元素的化合物,如氧化铕、氧化钇等配制的荧光粉,这些分别能发出红、绿、蓝三基色光的稀土化合物,如按一定比例混合喷涂在灯管的管壁上,通电后受激辐射,能发出光谱线丰富、近似自然光的白光。它的发光效率高达 85 流/瓦以上,比普通荧光灯的发光效率提高了 40%。

在千方百计改进荧光物质的同时,电光源科学家发现,荧光灯镇流器的电源频率与灯的发光效率也有密切关系,如把电源频率从常规的 50 赫提高到 1 万赫,发光效率可以提高 20%,这可真是一个值得开发的节电之源啊!然而,荧光灯镇流器的工作电源就是一般的市电,频率固定为 50 赫,而普通荧光灯使用的铁心镇流器,只能在电路里起升高电压的作用,却不能改变工作电源的频率。所以,科学家着手对荧光灯动第二项"手术",对镇流器的结构来一个彻底"革命"。

经过研究和试验,终于设计成功了一种改朝换代的电子变频镇流器。它是用电子元件组成的高频振荡电路,把 50 赫的交流电转换成为 3 万~5 万赫的高压电,这种转换方式称为电子变频变压技术。

新设计的电子变频镇流器,不但进一步提高了三基色荧光粉的发光效率,而且还因为摒弃了自身耗电的铁心镇流器,整个灯具的重减轻了 80%,同时又节省了电能。据测算,普通荧光灯用的铁心镇流器耗电量为 4 瓦,而电子变频镇流器的耗电量只有 0.6 瓦左右,单是这一点,就比原来节省了 3.4 瓦的电能。

正是采用了发光效率高的荧光粉和电子变频镇流器这两项措施,才使电子节能灯的电能利用率大大提高。一只11瓦三基色电子节能灯的耗电量,只有同样亮度的60瓦白炽灯耗电量的17%,是同样亮度的15瓦普通荧光灯耗电量的65%。三基色电子节能灯除了高效节能、光色好以外,灯管的使用寿命长达5000小时。当然,除了三基色电子节能灯以外,还有其他多种采用电子变频镇流器的节能灯,例如电子变频镇流高压钠灯、金属卤化物灯、低压卤化物灯、高压霓虹灯等。在需要强光源大面积照明的场所,节能灯能达到节约大量电能的目的。如果小小的电子节能灯能走进每家每户,它将发挥更大的节电作用。

关键词:荧光灯　电子节能灯　发光效率
电子变频变压技术　镇流器
电子变频镇流器

光波和电波谁跑得快

如果有人问你:"光波和电波谁跑得快?"你大概会想,当然是光波跑得快啰!谁都知道,光波是世界上跑得最快的东西,它的传播速度是30万千米/秒,1秒钟就可以绕着地球跑上七圈半呢!

我们再来看看电波吧。电波就是电磁波,电台和电视台就是通过发射电磁波,将精彩的节目送到千家万户的,我们一打开收音机或者电视机,就能立刻收听到或收看到远在几万千米之外的现场节目;移动电话也是利用电磁波来传递信息的,通过移动电话,你和远方的亲人或朋友讲话,就像近在身边一样。看来,电磁波的速度也一定很快吧?是的!科学家测出:电磁波的传播速度也是 30 万千米/秒,一点不比光波慢!

电磁波和光波的速度相等,纯粹是一种巧合吗?当然不是! 1865 年,英国物理学家麦克斯韦就用他的方程组,计算出了电磁波的速度和光速相等,并据此大胆预言:光就是一种电磁波。光怎么会和电磁波扯到一块儿去了?我们能看到光,却没有听说过能看到电台、电视台发射的电磁波。其实,这是由于它们的频率不同的缘故。人眼能看到的电磁波只是一个很窄的范围,只有频率在 4.1 亿~7.7 亿兆赫的电磁波才能引起人的视觉,这就是我们眼睛可以看见的可见光。比可见光频率高的电磁波依次是紫外线、X 射线、γ 射线,而比可见光频率低的电磁波是红外线、微波、无线电波等,这些电磁波都无法引起人的视觉,我们的眼睛是看不到的。

电台和电视台发射的电磁波,恰恰是频率从几百千赫到几万兆赫的无线电波。像上海人民广播电台 990 千赫,使用的是频率为 990 千赫的电磁波;而调频 FM103.7 兆赫,使用的是频率为 103.7 兆赫的电磁波。它们的频率与可见光的频率相差很远,所以眼睛根本无法看到。

既然光和电台、电视台发射的电波都是电磁波,只不过两者的频率范围不一样,而电磁波的传播速度和频率无关,因此光波和电波的速度相等就是理所当然的事情了。

关键词:光波　光速　电波　电磁波

165

什么是电的传播速度

合上开关,电灯立即就亮起来。好像电从开关跑到电灯并没有花费什么时间,电跑得好快哟!

的确如此。在你合上开关的一瞬间,整个电路就迅速建立起了电场,电路中存在着许许多多的自由电子,它们受到电场的作用,朝一个方向运动,形成电流,电流通过电灯时,灯就亮了起来。因此,电的传播速度,实际上就是指电路中建立电场的速度,它等于电磁波的速度,即 30 万千米/秒。

在这里, 我们不要把电的传播速度与导体中电子的运动速度混淆起来。要知道电子在导体中向一定方向运动的速度还不到 1 毫米/秒,比蚂蚁爬得还慢呢! 这就好比很多人排成一列长长的队伍,有人在前面喊"齐步走",口令声从前面传到后面只需要一点点时间, 而要等整个队伍走过去却需要很长的时间。因为口令声的传播速度和人步行的速度是两码事,两者相差非常非常大。类似的情况是, 导体中各处都有自由电子,这些电子好比排成一列长队的人,电子定向运动的速度相当于人步行的速度, 而在整个导体中建立电场的速度就好比口令声传播的速度。因此,一合上开关,导体中电子受电场指挥差不多同时运动起来,也就产生了电流,使灯亮了起来。而不是等开关处的电子运动到电灯,电灯才开始发光。

我们知道,电台、电视台发射的电波是一种电磁波,传播速度为 30 万千米/秒。实际上, 电在导体中传播就是电波在导体中传播,两者的速度是相等的,即 30 万千米/秒。那为什么电台、电视台发射的电波在空中传播时,不需要借助任何东西，而电必须在一个闭合电路中才能传播，产生电流，使电灯通电发光呢？

这是由于它们频率不同的缘故。由物理学知识知道，电波能够从导体辐射出去的能力和频率的四次方成正比。电台、电视台使用的频率都在几百千赫之上，电波很容易从天线上发射出去；而一般使用的220伏交流电的频率只有50赫，比无线电波频率要低得多了，所以输电线里的电波基本上不能跑出去，只能沿着导线传播。

☞ 关键词：电的传播　电波　电场

为什么说电磁辐射也是一种环境污染

打开收音机或电视机，我们就能收听或收看到精彩的节目，这是因为无线电广播台和电视台向周围空间发射电磁波，将节目信号送到了千家万户；移动电话没有电话线也可以互相通话，这也是电磁波在帮忙。除此之外，还有为数众多的雷达、高频焊接和高频熔炼设备、热处理设备、短波和超短波理疗设备、微波加热与发射设备，都在不停地向周围空间辐射电磁波。虽然你全然不觉得，但我们确实生活在充满电磁波的环境里。

电磁波在给人类带来极大便利的同时，也不可避免地造成一些危害。比如电磁波噪声会干扰电子设备、仪器仪表的正常工作，使信息失误、控制失灵。我们看电视时遇到的图像抖动和"雪花"现象，常常是因为受到附近电磁波的干扰。电磁波干扰还可能引起更加严重的后果，比如造成铁路控制信号的失误，会引起机车运行事故；若造成飞行器指示信号失误，会引起飞机、导弹、人造卫星的失控，等等。

电磁辐射还直接威胁着人类的健康。微波是电磁波的一种，微波炉就是利用微波照射食物，将食物加热、烧熟。可想而知，我们的周围若存在着微波，微波照射到我们的身体上，我们的身体也会被微波不断地"加热"、"烧煮"，这对人体健康会有多大的危害啊！各种研究结果都表明，人如果长时间受电磁辐射，会出现乏力、记忆力减退等神经衰弱症状，以及心悸、胸闷、视力下降等症状。电磁辐射对人类生存的环境已经构成巨大的威胁，成为人们非常关注的一大公害。电磁辐射已经成为一种名副其实的环境污染。

为了控制电磁污染，世界卫生组织和国际辐射防护协会制定了"环境卫生准则"和有关的电磁辐射强度标准。我国卫生部也于 1987 年 12 月发布了"环境电磁波卫生标准"。面对日趋严重的电磁污染，我们有哪些防护措施呢？主要包括：让电磁污染源远离居民稠密区；改进电气设备，减少电磁泄漏；安装电磁屏蔽装置，降低电磁场强度，等等。

人类对电磁波的利用，也和利用其他资源一样，只有在对它们深入了解之后，才能既最大限度地让它们为人类造福，又不让它们对人类生存的环境造成危害。

关键词：电磁波　电磁污染　环境污染

什么是半导体

　　像铜、银、铝、铁等金属的导电能力很强,就叫做导体。而塑料、玻璃、橡胶、瓷器等几乎不导电,就称为绝缘体。还有一类物质的导电能力介于导体和绝缘体之间,这就是半导体。半导体的导电能力还会随物理因素的改变而改变:在极低温度下,纯净的半导体像绝缘体一样不会导电。然而在较高的温度下,或者有光照射时,或者掺入一定杂质后,半导体的导电能力就大大增强,可以接近金属的导电性能。人们就利用半导体的这个性质来制作各种半导体器件和集成电路,运用到电子技术的各个地方。硅和锗是现在应用最为广泛的两种半导体元素。

　　为什么导体、半导体、绝缘体的导电能力天差地别呢?这是由于它们物质结构的不同。我们知道,物质分子是由原子组成的,原子内的电子绕着原子核运动,无论是导体、半导体,还是绝缘体,里面都有大量的电子。在金属中,电子受到原子核的吸引很微弱,有大量的电子可以自由运动,所以,金属中的电子叫自由电子。一旦加上电场,金属中的自由电子统一受到电场指挥,都向一个方向运动,于是就形成了电流。可是,在绝缘体中,带负电的电子要受到带正电的原子核吸引,不能随便离开,像掉进了一个"陷阱"里。如果电子受到原子核的束缚很强,就好像"陷阱"很深,电子就无法"脱身"变为自由电子,也就形成不了电流。

　　半导体的情况介于上述两种情形之间。在低温时,电子受到原子核的束缚不能导电,但它受到的束缚比绝缘体中电

電子空穴

硅电子   硼电子

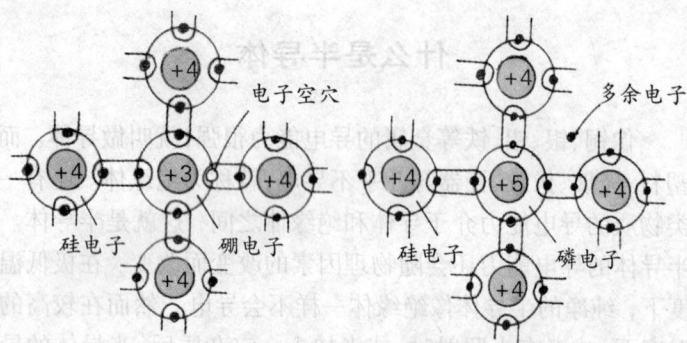

p 型半导体晶体结构图

多余电子

硅电子   磷电子

n 型半导体晶体结构图

子受到束缚要弱一些。随着温度升高,电子运动加剧,一部分电子就会挣脱开束缚,变成自由电子参加导电。温度越高,挣脱束缚的电子越多,导电能力就越强。用光照的方法同样可以给电子提供能量,使之挣脱束缚,从而改变半导体的导电能力。

掺杂是增强半导体导电能力最重要的一个手段,仅仅掺入百万分之一的杂质,就能使半导体导电能力提高 100 万倍以上。硅原子有四个价电子,如果在里面掺入少量的磷或砷等杂质,因为磷和砷都有五个价电子,它们取代一个硅原子的位置就可以多出一个电子,这个电子就能参加导电,这种掺杂的半导体称为 n 型半导体。如果

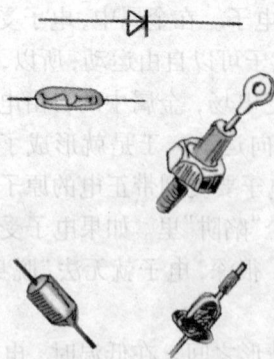

半导体二极管的符号及外形

170

pnp 型   npn 型

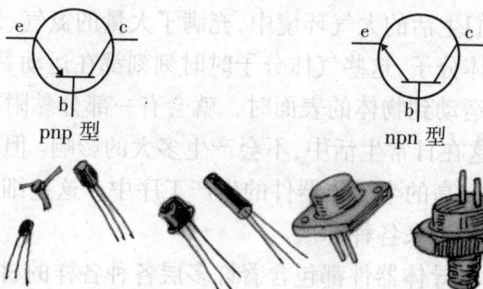

半导体三极管的符号及外形

掺杂的是只有三个价电子的硼或铟，就会缺少一个电子，多出一个带正电的空穴，正是这个带正电的空穴参加导电，这种掺杂的半导体称为 p 型半导体。n 型半导体和 p 型半导体接触形成一个 pn 结，利用 pn 结可以做成电阻、二极管、三极管等半导体元件，利用这些半导体元件又可以进一步构成各种电路。可见，半导体材料在电子技术中的地位是十分重要的。

> 关键词：导体 绝缘体 半导体 导电
>   pn 结 自由电子 空穴

为什么有些半导体器件的生产工序
要在真空中进行

半导体器件的生产，除需要超净的环境外，有些工序还必须在真空中进行。

在我们生活的大气环境中,充满了大量的氮气、氧气和其他各种气体分子,这些气体分子时时刻刻都在运动着。当这些气体分子运动到物体的表面时,就会有一部分黏附在该物体的表面。这在日常生活中,不会产生多大的影响。但在对周围环境要求极高的半导体器件的生产工序中,这些细微的变化就会给生产带来各种麻烦。

每一半导体器件都包含着许多层各种各样的材料,如果在这些不同的材料层之间混入气体分子,就会破坏器件的电学或光学性能。比如,当希望在晶体层上再生长一层晶体时(称为外延),底层晶体表面吸附的气体分子,会阻碍上面的原子按照晶格结构进行有序排列,结果在外延层中引入大量缺陷,严重时,甚至长不出晶体,而只能得到原子排列杂乱无章的多晶或非晶体。

在一个大气压下,晶体表面的每一点上,每秒钟内都将受到几亿个气体分子的撞击,所以,要得到干净的晶体表面,通常要使气体分子的密度降低到大气密度的几亿分之一才行,即需要获得一个真空环境。为此,人们制造了大大小小的密封容器,并发明了各种各样的真空泵,将空气从这些密封容器中抽出,使其内部成为真空环境。很多半导体器件,如光碟机(CD、VCD 和 DVD)和光纤通信中用的半导体激光器,雷达或卫星通信设备中的微波集成电路,甚至许多普通的微电子集成电路,都有相当部分的制作工序是在真空容器中进行的。真空程度越高,制作出来的半导体器件的性能也就越好。现在,很多高性能的半导体器件都是在超高真空环境中制作出来的。要获得所谓超高真空,就是其中的气体分子密度只有大气中的几千亿分之一至几百万亿分之一!要获得超高真空环境,需要非常复杂而昂贵的抽气系统。

此外,在半导体器件的加工过程中,需要用电子束、离子束和分子束等粒子对材料进行照射和轰击。在大气中,气体分子会和这些粒子发生碰撞,大大缩短它们的行进路程,结果导致绝大多数粒子到达不了材料表面。把这些加工过程放在真空环境中进行,就可避免这个问题。

☞ 关键词：半导体器件　晶体　真空
　　　　　超高真空

什么是集成电路

集成电路自 20 世纪 60 年代问世以来,至今已有很大的发展和广泛的应用。在计算器、石英钟、电子表、洗衣机、游戏机、电视遥控器以及许许多多的家用电器里面,都有一块或几块集成电路。计算机里面更不用说了,计算机性能如此迅速地提高,正是集成电路的不断发展所带来的。

在集成电路出现以前,电子线路都是用一只只电阻、电容、二极管、三极管等分立的电子元件,焊接在印刷线路板上或用导线将各个元件连接起来。显然,当元件数目十分巨大时,比如说有 10 万个晶体管组成的电子线路,它的体积将变得十分庞大,电能消耗也很厉害,更有甚者,电路很容易出毛病,任何一个焊点脱落或者一个元件损坏都会影响整个线路。后来,人们利用先进的科学技术手段,把电路中所需的各个元件,都制作成一小块半导体时,上面提到的种种困难都迎刃而解了，这就是集成电子线路，简称为集成电路。当然，这些元件要做得非常非常小，还要把这些很小很小的元件，用很细很细的导线连接起来。

怎么把许许多多的电子元件集成在一小块半导体硅片上呢？经过几十年的研究与发展，现在已经有了一套相当成熟的技术，即集成电路加工工艺。这套方法包括氧化、光刻、掺杂、金属化工艺等等，过程要反反复复很多次。制造一块集成电路常常需要几十道工序，甚至上百道工序。

为了把集成度不同的集成电路分一分类，人们一般把包含10只到100只晶体管的叫小规模集成电路(SSI)；把包含100只到1000只晶体管的叫中规模集成电路(MSI)；包含1000只到10万只晶体管的叫大规模集成电路(LSI)；包含10万只以上晶体管的称为超大规模集成电路(VLSI)。由此可知，所谓规模，就是指一块集成电路包含晶体管数目的多少。但是，集成电路的体积并不随它本身"规模"的大小按比例增大，反而有越来越小的趋势。当然，这也意味着元件集成的密度越来越大。

☞ 关键词：电子线路　集成电路
　　　　小规模集成电路　中规模集成电路
　　　　大规模集成电路　超大规模集成电路

为什么生产集成电路
需要超净的环境

集成电路的使用已经遍及到我们生活的每个角落：收音

机里有集成电路,电视机里有集成电路,电脑中更是离不开集成电路。你知道集成电路是用什么东西做的吗?它的主要原料是硅,硅是地球上含量极丰富的"石英砂"中的主要成分。但是,要用石英砂制造集成电路可不是一件轻而易举的事,它的生产过程非常复杂,对生产环境的要求也十分苛刻。首先要从石英砂中提取二氧化硅,再从二氧化硅中提取硅,然后要提纯并拉制成单晶。将单晶切成硅片,再经过磨制抛光,使硅片像镜面般平整,就可以制造集成电路了。

你看,在集成电路里面,特别是超大规模集成电路里面,密密麻麻地布满了元件,其间的间隔不到千分之一毫米,元件与元件之间还有纵横交错的连线。假如掉进去了一粒灰尘,即使小得连眼睛都看不见,卡到电路里面也像一座小山似的,或者造成短路,或者造成断路,这都将会使整个芯片报废。所以,在集成电路的生产过程中,空气里的尘埃务必降到最低程度。这就不是把生产车间打扫打扫干净就能解决问题了,还要对空气进行严格的过滤,车间内的空气的流通也是采用特殊的办法,以免吹起落在地面上或者工作台上的残留灰尘。工作

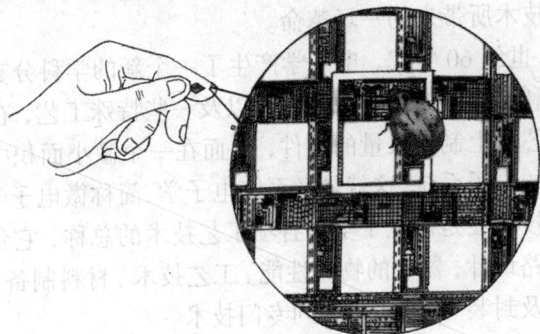

人员也要穿上经过特殊处理的工作服，戴上手套，从头到脚包裹得严严实实，就像外科医生在实施大型手术。生产过程中使用的各种化学试剂、溶剂、金属等，也要求最大限度地纯净(电子纯度级别)，以免杂质影响。

即使采取了这么多严格的净化措施，但还是会有一些芯片生产出来不合格，主要原因是由于车间里面很多灰尘是人带进去的。如果全部生产过程由机器人完成，采用全自动化的无人车间，那么环境条件就容易控制多了，产品合格率也可以进一步提高。现在，世界上已经建造了很多生产集成电路的全自动化流水线。

☞ 关键词：集成电路　净化　石英　二氧化硅

什么是微电子技术

近30多年来，电子计算机和通信技术突飞猛进，电脑装置的体积越来越小，功能越来越强，价格越来越便宜。这正是微电子技术所带来的一场革命。

20世纪60年代，电子学产生了一个新的学科分支，研究如何利用固体内部的微观特性以及一些特殊工艺，在一块半导体芯片上制作大量的元件，从而在一个微小面积中制造出复杂的电子系统，这就是微系统电子学，简称微电子学。而微电子技术便是微电子学中各项工艺技术的总称，它包括系统和电路设计，器件的物理性能、工艺技术、材料制备、自动测试以及封装、组装等一系列专门技术。

随着微电子技术的发展，集成电路经历了小规模集成电路、中规模集成电路、大规模集成电路和超大规模集成电路四个阶段。最初在 20 世纪 60 年代末，一块芯片上只能集成几千个元件，而今天在只有 1 个多平方厘米的芯片上，集成的电子元器件数多达上亿个。材料制备工艺的发展，使得硅片可以做得越来越大，目前生产的硅片直径是 20 厘米左右。这就是说，在一个硅片上同时可以制造更多的集成电路，大大提高了生产效率。

集成密度的不断提高和半导体工艺的发展密切相关。比如制造集成电路时的掺杂工艺，较早的时候采用热扩散的方法，准确度不易控制。现在，多用离子注入的方法，准确度大大提高了，集成密度也跟着上了一个台阶。

微电子技术的发展，使电子设备和系统在微小型化、高可靠性和低成本方面进入了一个新阶段，这种发展所产生的影响正深深地渗入自然科学与社会科学各个学科，给社会经济和人们的生活方式、思维观念带来重大的变革。可以预见，微电子技术还将会有长足的发展，集成密度还有望进一步提高，电脑也将实现高度的人工智能，代替人类从事很多繁重的脑力劳动。

关键词：微电子技术　微电子学　集成电路

为什么光电管能代替眼睛的视觉

当你走到机场或者一些宾馆的自动门前时，门就为你自

177

动打开来，等你进去后，门又会自动关闭。自动门是怎么"看到"你的呢？

大家都知道，人和绝大多数动物都是用眼睛来看东西的。我们看到一个东西，是因为这个东西发出的光线或者反射的光线进入了人的眼睛。光是具有能量的，一小份能量的光，就称为一个光子，不同能量的光子对应不同波长的光，看起来就是不同的颜色。当数以万亿计的光子进入眼睛，到达视网膜时，就引起视网膜上视细胞的兴奋，兴奋传递到大脑，形成视觉，我们就看到了这样东西。

在自动门的一侧有一个光源，它发出的红外线照射到另一侧的光电管上，由于人的眼睛看不到红外线，所以你通常并没有觉察。当你走到门口时，身体挡住了红外线，光电管就感受到一个光线变化的信号，触发相应线路把门打开，就像是看到了人一样。因此，人们又把这种用途的光电管叫电眼。人体本身也发射极其微弱的红外线，有的电眼也能直接"看"到这个信号，这就可以省掉安装在自动门上的光源部分了。

光电管包括一个阴极和一个阳极，阴极上涂有对光敏感的材料。当光照射到阴极上时，光子的能量就传递给阴极里的电子，引起电子发射，这一过程称为光电效应。1905年，爱因斯坦对这一现象做了正确的解释，并因此而获得诺贝尔物理学奖。阴极发射出的电子被阳极吸引过去，形成一个和光强成正比例的电流。若对光电管加以改进，用一系列金属极板把光电发射信号通过次级电子发射的方法进行放大，就构成光电倍增管。引起人眼视觉至少要上万个光子，而光电倍增管能够探测得到一个个光子，比人眼灵敏得多，因而在光子计数、核物理研究等方面，光电倍增管都有重要应用。

光电管不仅可以用来自动开门、防盗报警、控制交通灯等,还可以用来测量光强、发光计数等。

关键词：光电管　视觉　自动门　光电效应
　　　　电眼　光电倍增管　光子

为什么充电电池能反复充电

小小电池就像电的仓库,能够流出电来。电池是利用其内部的化学物质发生反应,把化学能转换为电能。普通的干电池只能将它储存的化学能一次性地转化为电能,电用完了就不能再用。而充电电池,虽然有的看上去和普通的干电池差不多,但电用完了,充了电还可以继续使用,既方便又实惠。充电电池为什么能反复充电呢？这与它内部的结构有关。

普通的干电池都有正极和负极,正极就是一根顶着铜帽子的碳棒,而负极则是用锌皮做成的。放电时,锌和电池内的糊状电解质发生化学反应,产生出电流来。同时,锌被逐渐消耗掉,产生的反应物也一点点积累起来,这些都会阻碍化学反应的继续进行,使放电电流减弱。当电流微弱得无法使用

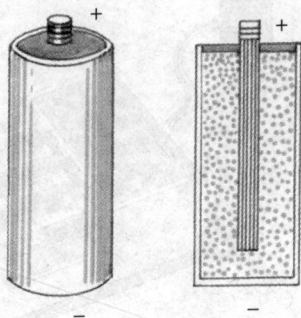

时，我们就说电池的电用完了。虽然曾有人想方设法地将干电池里的化学物质补充更新，但是那样做太费事，成本也较高。所以，我们通常就把没电的干电池当做垃圾扔到指定的回收点，以免造成环境污染。

而充电电池所使用的电极材料和电解质都和干电池不同。像随身听、袖珍收音机、照相机闪光灯等小家电产品中使用的镍镉电池，就是一种碱性蓄电池。镍镉电池中，一格格交替地对插在一起的栅板，就是电池的正极板和负极板，正极板与上面的盖板相连，负极板则接在外壳上。正、负极板构造差不多，但里面填充的活性物质却不同，正极板上的活性物质为氢氧化镍，负极板上的活性物质是镉和铁的混合物。电池的正、负极就浸在盛有氢氧化钾和氢氧化钠电解液的电池槽内。为了防止正、负极板互相接触，每片正、负极板之间用硬橡胶棒或胶板隔开。壳体使用二次防爆装置封装，外壳为负极，盖板为正极。

充电电池放电时，正极板上的活性物质转化为氢氧化亚

镍，负极板上的活性物质转化为氢氧化镉，并产生出电流来，这时，电池贮存的化学能转换为电能。当电用完后，可以使用充电器对镍镉电池进行充电，上面的化学反应就反过

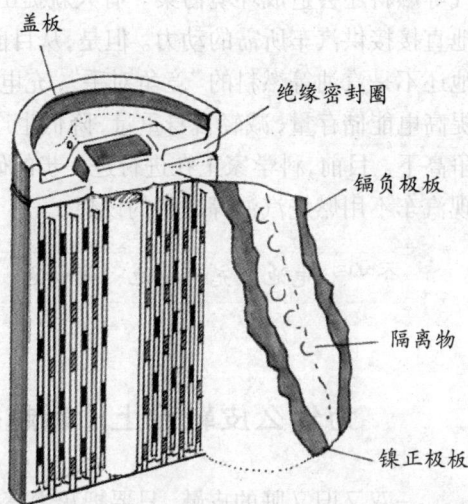

盖板
绝缘密封圈
镉负极板
隔离物
镍正极板

来进行，即发生可逆的化学反应。结果，正、负极板上的活性物质又恢复到原来的状态，从而将直流电源的电能又转换成了蓄电池的化学能，并被重新贮存起来。所以，镍镉电池可以反复充电，充电次数可以达到 800 多次。

碱性蓄电池除镍镉电池外，还有铁镍电池、银锌电池等，它们都用碱性溶液作电解质。另一类蓄电池是酸性蓄电池，如铅蓄电池，使用稀硫酸溶液作电解质，氧化铅板作正极，海绵状铅作负极。铅蓄电池常用于汽车、火车、船舶等的启动，提供点燃式内燃机点火系统启动时所必须的电流。酸性蓄电池和碱性蓄电池都是可以反复充电的电池，它们利用可逆的化学反应，在放电和充电时进行化学能和电能之间的相互转换。

由于地球上的石油储量日渐枯竭，燃烧柴油、汽油、天然

气等燃料还会造成环境污染。有人就提出：能不能用充电电池直接接供汽车所需的动力。但是，从目前的情况看，充电电池还不是汽油等燃料的"竞争对手"，充电电池只有大幅度地提高电能储存量，减轻自身重量，降低生产成本，才能与之一争高下。目前，科学家正在进行进一步的研究和探索，尽早实现汽车不用燃烧汽油等燃料的设想。

关键词：电池　充电电池　蓄电池　镍镉电池

为什么皮鞋涂上油后越擦越亮

一双又旧又脏的皮鞋，只要把灰尘擦掉，涂上皮鞋油，仔仔细细地擦一擦，就会变得又亮又好看了。这是什么缘故呢？

原来，光照到任何表面上都会发生反射，假如这个平面是光滑的，那么就能产生很强的反光，看上去很亮。也许你要问：为什么在墙壁、桌子等物体的表面上，看不到很强的反光呢？

墙壁、桌子等物体的表面并不是真正光滑的。你拿一个

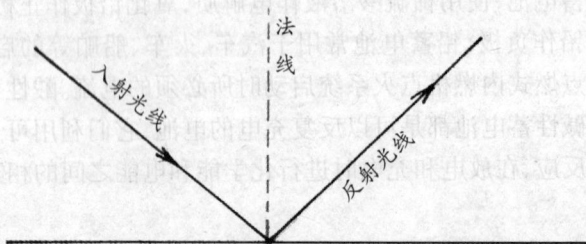

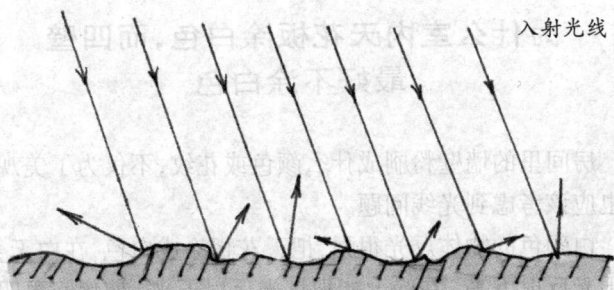

入射光线

光的漫反射

放大镜来仔细观察一下，就会发现这些物体的表面都是粗糙的、高低不平的。粗糙的表面也会反射光，不过它是分散地向四面八方反射，而不是集中地向一定的方向反射，这在物理学上称为漫反射。因此我们就看不到强烈的反射光了。

皮鞋的表面，也不是很光滑的，如果是脏的皮鞋，当然更加不平了，这样它就不能使光线集中朝一定的方向反射，所以看上去就不发亮。涂鞋油的目的，是让油里面的微小颗粒填到皮鞋表面低洼的地方去，使它变得很平，而皮鞋油有一种渗透的本领，它能填入每一小孔，再用布一擦，让油涂得更匀，皮鞋表面不平状况大大改善了，光就会朝着某一方向反射，皮鞋看上去就光亮得多。所以，皮鞋涂上油后，会越擦越亮。

关键词：光的反射　光的漫反射

为什么室内天花板涂白色，而四壁最好不涂白色

房间里的墙壁粉刷成什么颜色或花纹，不仅为了美观，而且也应该考虑到光线问题。

白颜色的物体反光很强，把天花板涂成白色，在白天会把太阳光反射下来，在晚上能把灯光反射下来，使房间更明亮，而对人的眼睛没有什么影响，因为人总不会一直抬着头朝天花板看的。

那么为什么四面的墙壁最好不涂成白色呢？这是因为四壁在我们的视野之中，不论你坐着或站着，向左、向右或向前、向后看，眼睛都会看到墙壁。假如把四壁也涂成白色，那么阳光或灯光照在白墙壁上，会产生很强的反光，并直接射到人的眼睛里来，使眼睛感到很不舒服，这对人的眼睛是不利的。

大家都有这样的体验：在比较强烈的太阳光下面看书、看报，眼睛会感到很吃力，就是这个道理。因此，房间四周的墙壁最好涂成浅绿色、米黄色或淡蓝色，它们反射出来的光比较柔和，不会对眼睛产生刺激。

☞ 关键词：光的反射　视野

装满水的脸盆，为什么斜看时觉得水变浅了

脸盆装满水时，从旁边斜着看，水面到脸盆底的深度好像变浅了。这种奇怪的现象，究竟是怎样发生的呢？

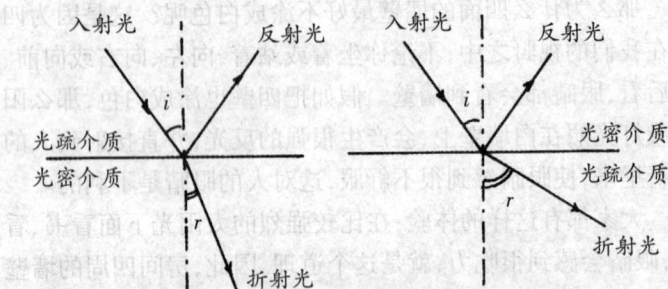

光疏介质 / 光密介质 — 入射光 反射光 i r 折射光

光密介质 / 光疏介质 — 入射光 反射光 i r 折射光

　　要想彻底弄明白它的真相，还得摸清楚光的一些脾气。原来，光在同一种介质中总是走捷径——沿着直线传播。可是，当它从一种介质进入另一介质时，比如从空气到水或者从水到空气，由于光在这两种介质中的传播速度不同，它在两种介质的分界面上会转个弯，沿一条折线前进。光的这种屈折现象，叫做光的折射。你看到的脸盆变浅了，正是光的折射所造成的。

你看，溪水里有一条小鱼，从鱼身上反射出来的光线，到了水与空气的分界面上就改变了原来直线传播的方向，它向水面偏折了一个角度。我们眼睛所看到的，正是这条已经偏转了方向的光线。但是，眼睛没有觉察出来，还以为这光线是沿直线射来的，而误把这条已经改变方向的光线所形成的虚像，当做真正的鱼。这样，鱼在水中的位置看起来就变浅了。脸盆变浅了的道理也正是这样。

　　光线耍的把戏，就像魔术师变戏法一样没个完。当我们认清了光的种种脾气，就不会受它"欺骗"了。有经验的渔夫用鱼叉叉鱼时，他决不会直接朝着鱼叉去，因为这只不过是鱼的虚像。他必定是向着略远和略深一些的地方用力刺去，这样，一条活蹦乱跳的鱼就被牢牢地叉住了。这可是渔夫在长期实践中积累起的丰富经验。

　　关键词：光的直线传播　光的折射

为什么毛玻璃淋湿后会透明

　　你见过毛玻璃吗？它虽然可以透光，但却不像普通玻璃那样透明，隔着它就看不清玻璃后面的东西。浴室和厕所的窗门装上毛玻璃，既可使室内的光线充足，又使室外的人看不到室内的东西。

　　为什么毛玻璃会有这样的性能呢？用手去摸一下你就会发现，毛玻璃有一面跟细砂皮一样，毛糙不平。光线射进玻璃和射出玻璃都要产生折射，如果玻璃的两个面都是平滑的，两

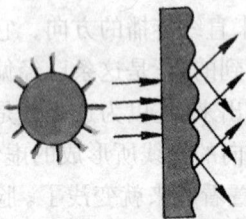

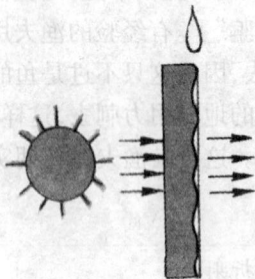

次折射都很有规则，我们隔着玻璃也可以看到物体；毛玻璃有一面不光滑，它使射过的光线无规则地散乱开来，所以，隔着毛玻璃就看不清物体了。

如果毛玻璃淋到了水，毛糙面上沾了一层水，水填进了毛糙面的低凹部分，起到了填平补缺的作用，使原来毛糙不平的一面变成了光滑的水面，光线射过它发生折射时，就比较有规则了。这时候，就改善了毛玻璃的透明状态，隔着它也可以看到对面东西。等到水蒸发完了，毛面干燥了，它又恢复了不透明的原状。

不过，光线射过毛面和水的接触处，还存在着一部分不规则的折射，所以淋湿的毛玻璃并不能像普通玻璃一样的透明。而且，如果淋湿的是光滑的一面，不是毛糙的一面，那么毛玻璃仍旧和原来一样不透明。所以，浴室和厕所的门窗上装的毛玻璃，总是光滑的一面朝外，毛糙的一面朝里。

关键词：毛玻璃　透明　光的折射

188

为什么白炽灯下面的影子很清楚，日光灯下的影子却不太清楚

在太阳光或灯光下，人或其他的物体都会留下自己的影子，影子是由于光的前进路线被挡住了，而留下了一个较暗的区域。

要是你仔仔细细地观察影子，你会发现，在一般情况下，往往是影子的中心部分特别黑暗，四周却比较灰暗。我们把影子中心特别黑暗的部分称为本影，而四周灰暗的部分称为半影。为什么会形成本影和半影呢？本影是由于光线统统被挡住所形成的，而半影则是由于部分光线被挡住所形成的。

人站在白炽灯下，由于白炽灯发光并不只限于一个点，而是一条弯曲的灯

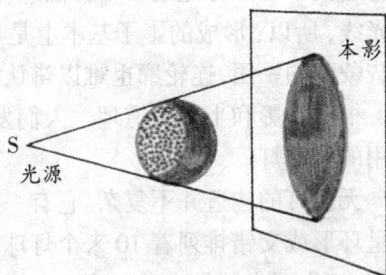

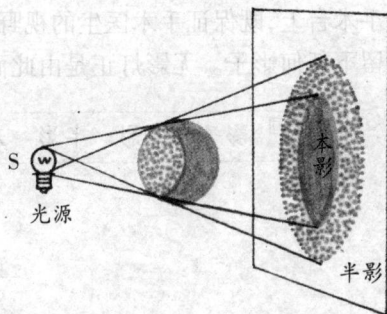

丝,从一个点射来的光被人的身体遮住了,可是从另一些点射过来的光并不一定被挡住了。这样,人在白炽灯照射下就生成了由本影和半影组成的影子。另一方面,由于白炽灯的灯丝还算比较集中,所以,形成的影子主要是本影,本影四周的一圈灰暗的轮廓线就是半影,整个影子看上去还是比较清楚的。

要是站在日光灯下,人的影子就不像白炽灯下那样清晰,看上去模模糊糊的。因为日光灯是一根很长的玻璃管或环形管,它的发光面积很大,比白炽灯要大好几倍。这样,人的身体尽管遮挡了一部分光线,却无法遮住从另一部分射来的更多的光线,所以,形成的影子基本上是半暗半明的半影,看上去是灰蒙蒙的一团,连轮廓也难以辨认清楚。

根据本影和半影的道理,人们发明了医生做外科手术时使用的无影灯。

无影灯的构造并不复杂。它有一个很大的圆形灯罩,灯罩里呈环形或交错排列着 10 来个灯球,每个灯球里有一个镜面灯泡,灯泡下半部的内壁上涂有一层铝,把光线均匀柔和地反射到整个灯球上。这样,各个灯球就能从不同角度把光线照射到手术台上,既保证手术医生的视野内有足够的亮度,同时又不留下任何影子。无影灯正是由此而得名的。

关键词:**影子　本影　半影　无影灯**

为什么拍摄风景照时常常要在镜头前
加一块有色玻璃

你会摄影吗?或者你常常看到别人摄影吗?在摄影时,特别是在拍摄风景照时,往往要在镜头前面加一块有色玻璃,这是为什么呢?

这片加在镜头前面的有色玻璃叫做滤色镜。不同颜色的滤色镜吸收的光和允许通过的光是不一样的。例如,一块绿色的滤色镜,会吸收红色和蓝色的光,而允许绿色的光通过;一块洋红色的滤色镜,则吸收绿色的光,而允许红色和蓝色的光通过。把滤色镜加在镜头前,能使拍摄出的照片更加逼真或产生某些特殊的效果。

如果在拍摄蓝天白云时,在镜头前加上黄色的滤色镜,拍摄

出的蓝天中的白云就特别清晰。这是因为青色和蓝色的光在底片中感光特别灵敏,会使照片中的这一部分特别明亮;而加了黄色的滤色镜,就能大量地吸收由蓝天散射来的青光和蓝光,不让它们通过,这就使得照片中青蓝色部分变暗,突出了别的部分,例如白云的轮廓;如果在镜头前加上红色的滤色镜,由于红玻璃能大量地吸收绿光和蓝光,使照片中蓝天和绿树变为深暗色,这就使照片产生了一种特殊的效果,如同在月光下拍摄的一样。

了解了光的性能,你就可以巧妙地运用滤色镜,将照片拍摄得更加逼真、更富有艺术感染力。

☞ 关键词:滤色镜　光的吸收

为什么登山运动员都要戴一副墨镜

登山运动员在攀登高山时,都要戴一副墨镜,这是为什么呢?这是为了保护眼睛。

原来,高山上太阳光的辐射特别强烈。这是因为高山上的空气很稀薄,在海拔 8000 米的高空,空气密度只有海平面处的三分之一左右。另外,高山空气洁净,尘埃极少,阳光的辐射没有阻碍。在海拔 4000～5000 米以上的高山上,山坡和峰巅大都积聚了千年不化的皑皑白雪。再往上去,更是冰峰雪岭、银海茫茫。白色的东西,对光的反射本领特别强,在毫无遮蔽的雪坡或雪峰上,白雪毫不客气地把强烈的阳光反射出去。

太阳光里包含了各种颜色的可见光,从太阳辐射到地球的还有大量的紫外线和红外线。高山上既然阳光辐射特别强烈,紫外线和红外线自然也随之而增加。眼睛是人体最灵敏的感光器官,强烈的紫外线和红外线照射在眼睛的视网膜上,能灼伤视网膜的视觉细胞,引起视力减退,严重的甚至会造成完全失明,医学上把这种现象叫做雪盲。

因此,攀登高山的运动员为了保护眼睛,必须戴一副特制的墨镜。这种墨镜的镜片不是普通的玻璃,而是在玻璃中加入了能够吸收红外线和紫外线的氧化铁和氧化钴。这两种化学物品混在一起,加入玻璃后,使玻璃变成黑色。登山运动员戴的墨镜正是用这种特制的黑玻璃制成的。

☞ 关键词:红外线　紫外线　墨镜　雪盲
　　　　　氧化铁　氧化钴

为什么探照灯的灯光是
平行照射出去的

探照灯就像一个硕大的手电筒,巨大而明亮的光柱划破夜空,蔚为壮观。你有没有想过:探照灯的光线为什么能够平行地照射出去?

原来,探照灯的外壳都做成碗状,这种形状叫做抛物面。它的内壁涂得非常光亮,就像一面凹面镜,使灯光照在内壁上,能够很好地反射出去。而且,探照灯的灯泡正好装在这个抛物面的焦点上,这样,从灯泡发射出来的光线,照到内壁后再反射出去时,这些光线就能平行地照射出去了。

如果灯泡的发光区域不可能都集中在焦点上，或者抛物面做得不十分准确时，照射出去的光线就不能很好地保持平行，手电筒的光线不能平行直射，就是这个原因。而探照灯相对说来做得比较精确，所以它的灯光能较好地平行照射出去。其实，卫星接收天线也是一个抛物面，这是为了更好地接收电磁波。

👉 关键词：探照灯　抛物面　焦点

为什么大海是蓝色的，而海里的浪花却是白色的

坐在海边，凝望着蓝色的大海，卷起千层浪花，多么壮观

啊!可是,为什么碧蓝的大海中卷起的浪花却是白色的呢?

舀一勺海水看看吧,咦?海水既不是蓝色的,也不是白色的,海水就像自来水一样,是无色透明的。是谁给大海和浪花涂上了颜色呢?这是太阳光变的戏法。

太阳光是由红、橙、黄、绿、青、蓝、紫七种颜色的光组成的。当太阳光照射到大海上,红光、橙光这些波长较长的光,能绕过一切阻碍,勇往直前。它们在前进的过程中,不断被海水和海里的生物所吸收。而像蓝光、紫光这些波长较短的光,虽然也有一部分被海水和海藻等吸收,但是大部分一遇到海水的阻碍就纷纷散射到周围去了,或者干脆被反射回来了。我们看到的就是这部分被散射或被反射出来的光。海水越深,被散射和反射的蓝光就越多,所以,大海看上去总是碧蓝碧蓝的。

那么,浪花为什么是白色的呢?

你看,玻璃杯都是无色透明的,打碎以后的一片片玻璃还

是透明的，但是，当我们把它们扫在一起的时候，却变成白晶晶的一堆了。而且，玻璃打得越碎，堆起来的颜色越白，如果玻璃碎成了玻璃末，那看上去简直就像一堆雪花。这是什么缘故呢？原来，玻璃能够透过光线，也能反射光线，碎裂后的玻璃形成了许多不规则的角度，加上层层堆叠，光照射过去时，除了发生反射外，又发生了多次折射，而光线在经过了许许多多的屈折以后，从各个不同的方向，漫射或折射出来，我们的眼睛碰到了这种光线，就觉得一片白色。

浪花正像打碎了的玻璃末，它也使光线作了这一次次的变幻，所以看上去是白色的。

白色的雪花跟碎玻璃也很相似，因为构成雪花的是冰晶，冰晶有着复杂的结构，它能使光线发生反射、全反射和折射，结果就形成了一片纯白。

关键词：光的反射　光的折射
　　　　光的全反射　海水　浪花　雪

为什么放大镜能将物像放大

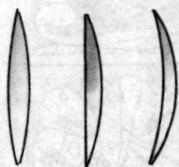

各种凸透镜

放大镜是一种简单的光学仪器，用它来读书看报，细小的字放大了，看起来很清晰。放大镜是用透明度很好的物质（如玻璃）磨制成的。它中间厚，边缘薄，是一块凸透镜。它的两个表面可以都是球面，或一

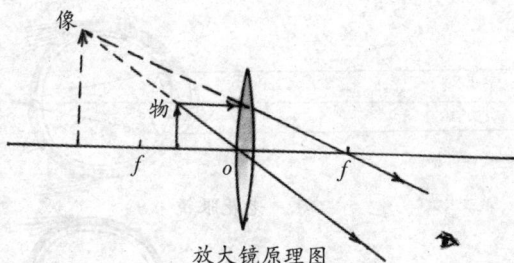

放大镜原理图

面是球面,另一面是平面。

把一块放大镜迎着太阳光放置(透镜与光线垂直),光线透过放大镜会聚成一点,这一点就是焦点。如果将一根火柴的火柴头正好放置在焦点处,不一会儿火柴就燃烧起来。焦点离透镜中心的距离叫焦距。

如果将一个物体放在放大镜的焦距内,由于凸透镜具有聚光的性能,观察者就能在大于物距的地方看到一个放大的虚像,这样,原来看不清楚的细小部分,通过放大镜的放大作用,就可以看得更清楚了。

在光学里讲到放大镜的放大率是从"视角"的角度来讲的。如果用弧度来表示视角,它的大小等于物体的长度与物体与眼睛的距离的比值。当视角小于1′(这相当于眼睛看到34米外1厘米长的物体的视角),眼睛就分辨不清物体的细部了。在周围环境光线不好的时候,这个视角还要加大,甚至达到1°才行。

放大镜的作用就是通过增大视角来达到放大物像的目的。根据计算,放大镜的放大率等于明视距离除以物体与眼睛的距离。

用放大镜看物,物体应放在焦距之内。放大镜的焦距大

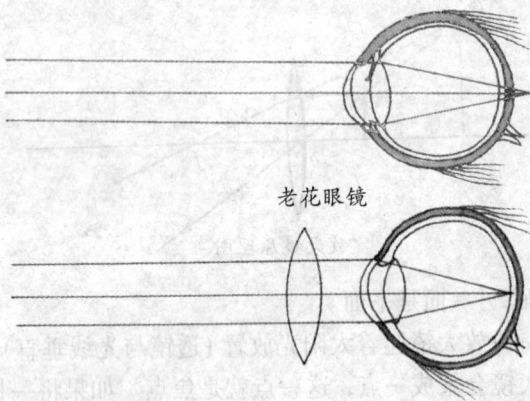

老花眼镜

约在 1.0 ~ 10 厘米, 明视距离为 25 厘米, 所以放大镜的放大
率在 2.5 ~ 25 倍之间。

　　老年人用的老花眼镜也是一种凸透镜, 众所周知, 物体发
出的光只有通过眼球中的晶状体折射的作用, 会聚到眼球后
壁的视网膜上才能被看清楚。看很远的物体时, 眼睛可以处
于放松状态, 在视网膜上形成清晰的像。但是看近处的物体,
就要用肌肉的力量来增大晶状体的曲率。老年人因眼睛的调
节能力衰退, 以致只能让光线会聚到视网膜的后面。在眼前
再加一块凸透镜, 让光线多会聚一次, 就能使像落到视网膜
上, 才不至于老眼昏花。

☞ 关键词: 凸透镜　放大镜　老花眼镜
　　　　　视角　放大率　明视距离

怎样用冰取火

乍一想，水火不相容，冰遇火会熔化，用冰取火简直是天方夜谭。但如果你懂得一些光学道理就知道，将冰制作成的冰透镜，完全可以用来取火。

儒勒·凡尔纳在他的科幻小说《荒凉的冰原》里，就曾对制作冰透镜的想法做过出色描绘。一场叛乱把去北极探险的船长和他的追随者们丢弃在茫茫无边的冰原上，身旁仅有一条破损的船。他们从船上取来一些木柴和食品，并用仅剩的燧石和打火镰在冰原上生起了火。就在他们追杀一头北极熊的时候，火熄灭了，燧石和打火镰也不见了。在冰原上，没有火，就意味着被冻死、饿死。

怎么办？船长绝望地望着天空。阳光是那么的明媚，要是有一块放大镜就好了。用放大镜可以将光线聚焦，用来取火。可是，这里除了冰还是冰，哪儿去找放大镜。对了，就用冰，用冰来制作冰透镜。

他们挑选了一块直径约 30 厘米的洁净的冰块。先用小斧劈成形，再用小刀削光，然后用手小心翼翼地把它的表面擦亮。终于，一块像水晶般晶莹透明的冰透镜做好了。

有了冰透镜，用冰透镜取火，就不是一件困难的事了。只要将冰透镜对着阳光，让光线透过冰透镜聚焦，并在焦点处放些纸、木屑等易燃物品，一会儿，透过冰透镜聚焦的光线，就可以将这些易燃物品点燃。

关键词：冰透镜

为什么用显微镜能看清细小物体

在做生物实验的时候,我们往往要用显微镜观察细菌、细胞等这些极其细小的生物样品。为什么这些用肉眼根本无法看清的细小物体,在显微镜下就会"原形毕露",让我们仔仔细细看个够呢?

这要从显微镜的结构说起,显微镜是由两组透镜构成的,靠近物体的一组叫物镜,靠近眼睛的一组叫目镜。物镜和目镜都是凸透镜。把物体置于目镜的焦点附近,且在焦点的外侧,物体就会通过物镜形成一个放大的实像, 这个实像位于目镜的焦点之内,再经过目镜的放大作用,得到一个肉眼观察到的虚像。原来直接用肉眼看不见的物体,经物镜和目镜两次放大后,眼睛就能看清其细节了。

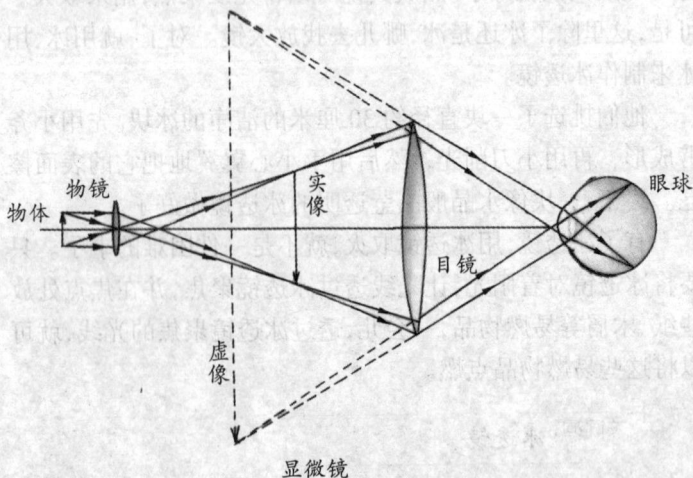

显微镜

显微镜的放大本领等于物镜与目镜各自放大本领的乘积。为此，显微镜物镜和目镜分别刻有"10×"、"20×"等字样，以便我们由乘积得知所用显微镜的放大本领。用光学显微镜可以把物体放大 2500 倍左右，为了进一步提高放大本领，人们发明了电子显微镜，放大本领可以达到几百万倍。用扫描隧道显微镜甚至可以观察到微小的原子世界。

☞关键词：显微镜　目镜　物镜

为什么电子显微镜能把物像放大百万倍

把一只瓢虫放在放大镜的下面，再将放大镜移动到适当的距离，你会看到一只比原来大几倍的瓢虫。其实，这是被放大了的瓢虫像。如果有两枚放大镜，把这两枚放大镜上下叠起来，并调整到一个适当的位置，来观察这只瓢虫，瓢虫的像就会变得更大。生物实验室里用的光学显微镜，正是利用这个原理制成的。

光学显微镜中有一根不太长的筒子，称镜筒，在它的两端及内部装上几个玻璃透镜，就成了放大镜。一般说来，透镜越多，镜筒越长，放大倍数就越大。那么是否可以无限制地增加玻璃透镜的数目，来增加放大倍数呢？虽然透镜数目的增加能提高放大倍数，但是由于透镜个数的增加，会造成像的品质下降，即放大后的像变得模糊不清，而无法分辨出它的真实形状。

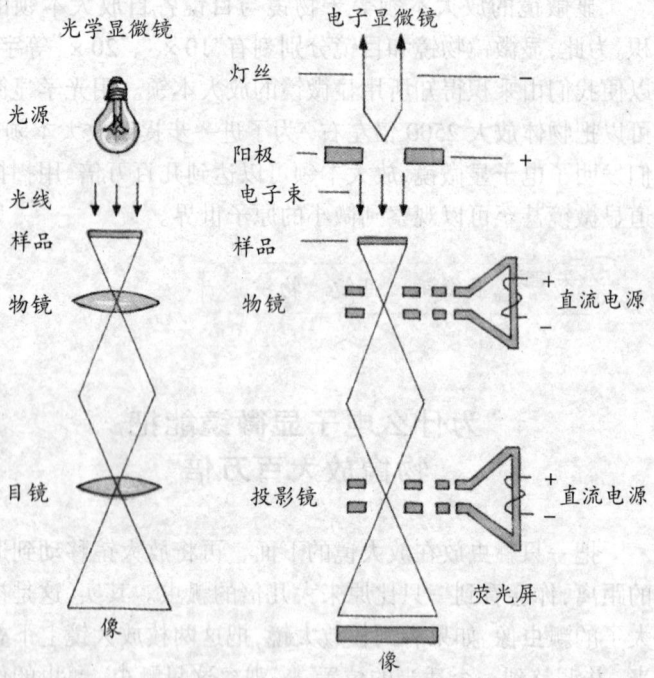

光学显微镜　　　　　　电子显微镜

光源　　　　　　　　　灯丝

　　　　　　　　　　　阳极　　　　　　　　　＋

光线　　　　　　　　　电子束

样品　　　　　　　　　样品

物镜　　　　　　　　　物镜　　　　　　　　　＋直流电源

目镜　　　　　　　　　投影镜　　　　　　　　＋直流电源

　　　　　　　　　　　　　　　　　荧光屏

像　　　　　　　　　　　　像

　　为了增加显微镜的放大倍数，人们对透镜的构造和玻璃的磨制工艺等都做了许多研究,当放大本领达到 2500 倍左右时，再也无法将显微镜的放大本领提高了。这是因为光学显微镜是靠可见光来反映物像的，如果被观察的物体与可见光波长相比拟时,光投射到物体上时就会绕过去，得不到反射光成的像，于是我们也就无法探视到物体的形态。

　　经过长期的研究，人们发现了电子波。因为电子带有负电荷,当它被高压电吸引而产生高速运动时,就具有光的波动性。正电压越高，电子运动的速度越快，它的波长就越短，当正电压是 5 万伏的时候，电子波的波长只有可见光波长的十万分之一到十八万分之一，所以利用电子波制造的显微镜，它的分辨本领要比光学显微镜高得多，可以将放大本领提高到几千倍甚至上百万倍。这种显微镜，称为电子显微镜。

最简单的电子显微镜是由电子枪、物镜、投影镜及荧光屏等组成的。电子枪是由一个 V 形灯丝和一个中心有小孔的金属片（阳极）组成。当灯丝通电发热后发射电子，电子被阳极正电压所吸引而加速运动，一部分高速电子冲过阳极金属片中心的小孔，形成电子束，因为它具有电子波的性质，所以同光学显微镜的光源相似。

有了光源，还需要具有放大作用的透镜。电子显微镜中的透镜，是一种电磁透镜，它是由两块带有同心小孔，并带有相异磁极的铁片组成的，它的磁性是由通以直流电的线圈所产生，所以叫电磁透镜。小孔内的磁场能使电子束产生偏转，这与光线通过玻璃透镜产生折射的现象相似，所以它同玻璃透镜相似，也能起到放大作用。当电子束透过需要观察的样品时，经过物镜和投影镜放大，最后投射到荧光屏上显示出物像。电磁透镜的放大本领非常强大，一个电磁透镜的放大本领可达几百倍，三个电磁透镜就可以将物像放大 20 万倍到上百万倍。

由于电子显微镜具有高超的放大本领和快速分析的能力，因此被广泛地用于冶金、生物、化学、物理和医学等各个领域。

关键词：光学显微镜　电子显微镜　电磁透镜

为什么用望远镜可以
看清远处的物体

　　望远镜是一种用来观察远距离物体的光学仪器,有关它的最初发明可以说是众说纷纭。在众多的发明人之中,以荷兰米德尔堡眼镜商汉斯·利珀希最为出名。这位精明的商人很好地抓住了机遇,一面申请专利,一面向政界要人们宣传游说,打入市场。很快,一种名叫"荷兰柱"的望远镜在欧洲许多国家流行起来。

　　1609年5月,正在威尼斯城帕多瓦大学任教的伽利略闻听此事,不由怦然心动。立即采购了许多大大小小的镜片,一头钻进了实验室研究起来。在同年8月,伽利略造出了一架可以把物体移近30倍,即可将物像放大近千倍的望远镜,他用这架望远镜看到了月亮表面起伏的山峦,发现了木星有4颗卫星,还知道了银河不是什么天上的河,而是由无数的星星组成的……望远镜的发明给伽利略带来了荣誉,也带来了不幸。过度的观察导致他后来双目失明,根据观察撰写的著作又激怒了教会,终使他身陷囹圄,饱受牢狱之苦。

　　伽利略的望远镜是用一片凸透镜(物镜)和一片凹透镜(目镜)组成的,视野比较窄,他的好友天文学家开普勒对此做了改进。开氏望远镜的前面有一块直径大、焦距长的凸透镜,叫物镜,后面一块直径小的凸透镜,叫目镜,这种望远镜叫做折射望远镜。当来自远处景物的光线进入望远镜时,经过物镜会聚成倒立的缩小的实像,相当于把远处的景物一下子移近到了成像的地方。而这个实像恰好又落在目镜的前焦点以内，这时对着目镜望去，就好像拿放大镜看东西一样，可以看到一个放大了许多倍的虚像。这样，遥远的景物在望远镜里看来就宛如近在咫尺。

英国科学家牛顿另辟蹊径，发明了另一种反射望远镜，即用凹面镜做物镜，经凹面镜反射的光线，再经过平面镜改变方向，进入目镜，通过目镜成实像。由于凹面镜在技术上允许做得很大，可以会聚更多的光线，使成像更清晰明亮，因此，被广泛用于天文观察。据统计，口径在1米以上的天文望远镜均是反射望远镜。其中以美国加州帕洛马山天文台的海尔望远镜最负盛名，口径达 5.08 米，物镜是用20 多吨特种玻璃经七年磨成。据说，在2.5万千米以外点一支蜡烛，也逃不过这只"巨眼"。俄罗斯高

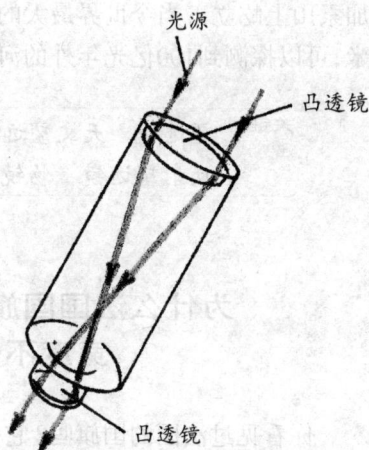

光源
凸透镜
凸透镜
折射望远镜

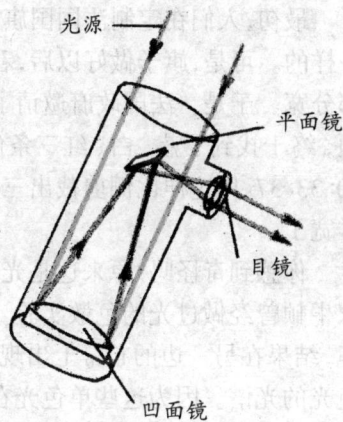

光源
平面镜
目镜
凹面镜
反射望远镜

205

加索山上屹立着当今世界最大的天文望远镜之一,口径超过6米,可以探测到100亿光年外的河外星系。

关键词: 望远镜　天文望远镜　折射望远镜
　　　　反射望远镜　物镜　目镜

为什么法国国旗上三色带的
宽度不一样

你看见过法国的国旗吗?它是由蓝、白、红三条色带组成的。这三条色带看上去一样宽,可如果你用尺一量,就可以发现,它们并不是一样宽。是做旗子的人做错了吗?

不!做旗子的人是决不会将象征国家尊严的国旗做错的。这里面还有一个有趣的故事呢。

最初,人们在定制法国国旗的时候,这三条色带的宽度是一样的。可是,旗子做好以后,看起来总觉得蓝色部分比红色部分宽。于是,法国政府邀请了一些光学专家来研究这个问题,终于找到了蓝、白、红三条色带宽度的恰当比例,那就是30∶33∶37。用这样比例剪裁出三条色带,看起来三条色带就一样宽了。

你感到奇怪吗?原来这是光在和我们变戏法哩。英国科学家牛顿曾经做过光的色散实验。牛顿让一束太阳光透过三棱镜,结果在另一边的布幕上出现红、橙、黄、绿、青、蓝、紫七种色光的光谱。因为这些单色光在由一种物质进入另一种物质时,就要发生偏折。不同的色光,被偏折的程度也不一样,蓝光比红光容易被偏折。人眼的水晶体就像一个凸透镜，也会使光线发生偏折，在眼底聚焦。当蓝光经过人眼的水晶体聚焦时，比红光聚焦要近一些，因此，当一样大小的蓝色物体和红色物体离眼睛一样远时，我们眼睛看起来就觉得蓝色的物体较大。蔚蓝的天空显得特别高；礼堂等建筑常用蓝色来粉刷天棚，显得高旷，都是这个缘故。

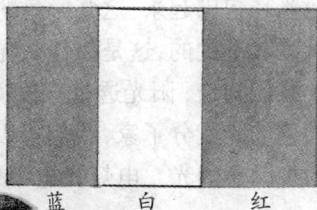

蓝　白　红

☞ 关键词：光的色散　光谱

为什么雨中路灯有一圈圈光环

下雨天的晚上，往往可以看到马路上的路灯被一圈圈的彩色光环包围起来。这些彩色的光环只有在下雨天才会出现，晴天是看不到的，这是为什么呢？

我们知道，阳光透过三棱镜时，会产生色散现象，里面各种颜色的光就分了家，我们可以看到红、橙、黄、绿、青、蓝、紫这七种颜色的光。电灯光也不外乎是由这几种颜色的光组成的。

下雨天，空气中充满了细小的水珠，路灯也就被数不清的小水珠包围起来了，每一颗小水珠都好像是一个能分光的小三棱镜。路灯发出的光透过这些数不清的"小三棱镜"时，也会产生色散现象，灯光分成了各种颜色的光，在路灯的周围"编织"成一圈圈美丽的光环。

灯光碰到微小的冰粒时，也会产生色散现象。因此，在严寒的天气里，如果空气中布满着微小的冰粒，路灯周围也会出现彩色光环。

太阳和月亮，就好像是巨大的"天灯"，当高空薄云中充满冰晶粒时，光线通过这些冰晶粒，产生色散现象，呈现出彩色的光环，这种光环叫做"晕"。晕的出现和路灯周

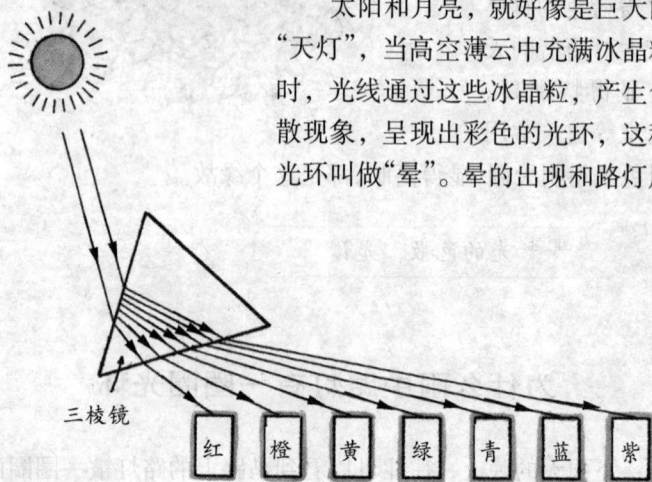

三棱镜

| 红 | 橙 | 黄 | 绿 | 青 | 蓝 | 紫 |

围出现光环的道理是一样的。

关键词: 三棱镜　光的色散　晕

什么是三原色

三原色也称"三基色"。你知道彩色电视屏幕上的各种颜色是怎样形成的吗?原来,屏幕上那些五彩缤纷的画面都是由红、绿、蓝三种颜色的光混合而形成的,红、绿、蓝三色就称为彩色光的三原色。利用三原色可以得到各种颜色的光,例如:

红色 + 绿色 = 黄色

绿色 + 蓝色 = 青色

蓝色 + 红色 = 品红

红色 + 绿色 + 蓝色 = 白色

由于彩色光在混合时,亮度增强,这种混合的方式称为光的相加混合,红、绿、蓝又称"加色三原色"。在光的相加混合中, 以适当比例混合而能产生白色感觉的两种颜色互为补色。加色三原色中,任何一种原色对其余两种原色的混合色光都互为补色。如:红色与青色互为补色,绿色与品红互为补色,蓝色与黄色互为补色。

然而,当人们在观察颜料和染料混合的色彩时,其结果与彩色光的混合结果大不一样。通常将颜料或染料中的品红、黄、青也称为三原色,将它们按不同比例混合后,可合成各种色彩,例如:

品红 + 黄 = 红

黄 + 青 = 绿

青 + 品红 = 蓝

品红 + 黄 + 青 = 黑

由于色料混合后亮度递减,这种混合方式称为相减混合,而品红、黄、青又称"减色三原色"。减色三原色恰好是加色三原色的补色。人们之所以能看到各种色料的色彩,是由于白光照在色料上,有一部分光被吸收,而另一部分光被发射出来,人眼感觉到的就是被反射出来的那部分色光。

因此,我们看到的品红实际上是色料吸收绿光以后反射出来的颜色;看到的黄色实际上是色料吸收蓝光以后反射出来的颜色;等等。

关键词: 白光　三原色　三基色
相加混合　相减混合

为什么霓虹灯会发出五颜六色的光

暮色降临,华灯初上。色彩绚丽的霓虹灯组成了各种文字和图案,把整个闹市区装点得如火树银花一般,让人目不暇接。

当你在观察这城市美景时,可曾想过,为什么霓虹灯会发出五颜六色的光呢?

人类最早使用的电灯叫白炽灯,是发明家爱迪生研制成功的。这种灯是让电流通过灯丝,达到白炽状态后发光,效率很低,因为大部分电能都变成了热耗损掉了,只有小部分转化为光。1802年，美国有位科学家叫休伊特，他设想，如果在真空的玻璃管里不装灯丝，而填充一些气体，让气体受激发光，岂不可以减少热损耗？于是他把少量水银蒸气填充到真空管里，在灯管的两端引出两个电极，加上电压后，水银蒸气在电弧激发下发出炫目的辉光。这种灯光光谱与太阳光接近，亮度很强，很适合于拍摄电影。后来，大家都叫它水银灯。

水银灯的成功引起了人们的兴趣，既然水银蒸气通电后会发光，那么别的气体行不行呢？于是有人想起，在十几年前化学家们找到了几种性格很不活泼的惰性气体。这类气体性质很稳定，几乎不与别的物质发生反应，用它们来受激发光倒是一个很好的选择。1910年，法国化学家克劳德把无色的惰性气体氖充入灯管，通电后，氖气受到电场的激发，放出橘红色的光。氖灯射出的红光，在空气中穿透力很强，可以穿过浓雾。因此氖灯常用在港口、机场和交通线的灯标上。根据"氖灯"的英文译音，人们把这类灯叫做霓虹灯。

氩是另一种惰性气体，在空气里含量达1%，比较容易获得，在电场的激发下，氩会射出浅蓝色的光，因此它也被用来填充到霓虹灯管里。除了氖和氩之外，有的霓虹灯里充进氦气，它会射出淡红色的光；有的霓虹灯还充进了氖、氩、氦和水银蒸气等四种气体(或三种、两种)的混合物，由于各种气体的

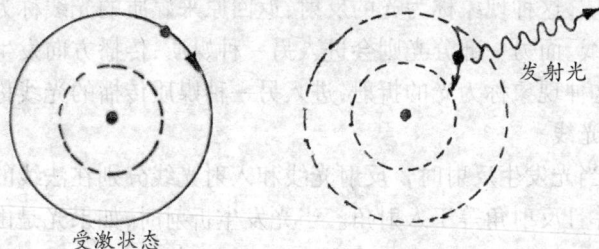

受激状态　　　　　　　　　　发射光

211

比例不同,便能获得五颜六色的霓虹灯了。

那么,为什么不同的气体发出的光会有不同的颜色呢?我们知道,原子是由原子核和若干绕核旋转的电子组成。电子允许在若干特定的轨道上运行。内层的电子受到电场的激发会吸收"一份"能量跃迁到某个外层轨道上,处于受激状态。由于受激状态很不稳定,过不了一会儿,电子又会跃迁回原来的轨道,并把刚才吸收的那"一份"能量以光的形式辐射出来。这一份能量恰好等于原子在受激状态和初始状态的能量之差。显然,不同的气体有不同的原子结构和能级,吸收和辐射的那一份能量就有大有小。所以由这"一份"能量决定的辐射光的频率就不一样,而光的颜色完全由频率决定,所以,充入各种不同气体的霓虹灯,就发出了五颜六色的光。

☞ 关键词: 水银灯　霓虹灯　氖灯
　　　　　惰性气体　受激状态

什么是光的全反射

当光从一种媒质进入另一种媒质,一部分光会返回原来的媒质,这种现象称为光的反射,返回原来媒质的光线称为反射光线。而另一部分光则会进入另一种媒质,传播方向发生偏折,这种现象称为光的折射,进入另一种媒质传播的光线称为折射光线。

当光发生反射时,反射光线和入射光线分别在法线的两侧,并且反射角等于入射角。当光发生折射时,如果光是由光疏媒质进入光密媒质，光的传播速度会减慢，这时折射角小于入射角，折射光线向法线偏折；如果光是由光密媒质进入光疏媒质，光的传播速度

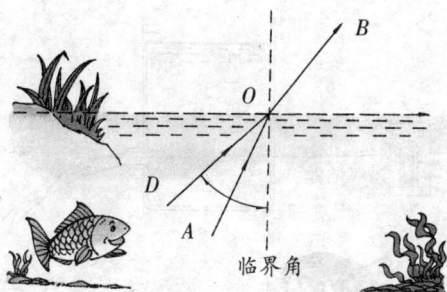

临界角

会增加，这时折射角大于入射角，折射光线离法线偏折。这里的"光密"和"光疏"只是两个相对的名称，水对空气来说，水为光密媒质，但水对玻璃来说，水却是光疏媒质。

那么什么是光的全反射呢？当光从光密媒质射到光疏媒质时，例如，入射光线从水中进入空气时，折射角大于入射角。并且随着入射角的增大，折射角也跟着增大，当入射角增大到一定限度时，折射角增大为 90°，这时折射光线将沿着水面射出，因此光线不能发生折射而被界面全反射，这时的入射角称为临界角。光由水进入空气的临界角约为 48.5°，光由金刚石进入空气的临界角只有 24°。

现在我们知道，光从光密媒质(例如水、玻璃)进入光疏媒质(例如空气)时，如果入射角大于临界角，此时所有光线全部由分界面折回原来媒质的现象，就是全反射。

在自然界中，全反射是常见的现象。例如，露水或喷泉的水珠总是显得格外明亮耀眼，这就是光在水珠内发生全反射的缘故。又如，彩虹的形成，海市蜃楼的成因，都与全反射现象有关。

1870 年，英国科学家丁达尔做了一个有趣的实验：他在

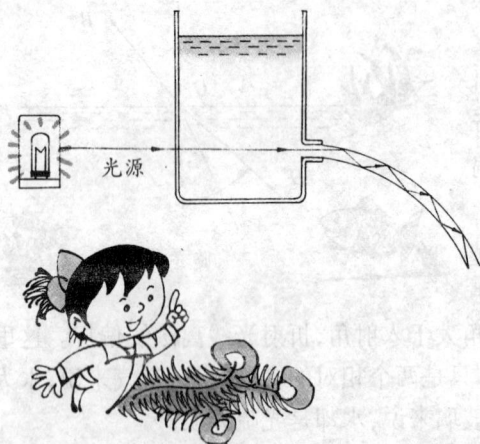

一个玻璃容器的侧壁开了一个小孔，并让水从小孔处流出，然后再让一束细光束沿着正对着小孔的水平方向射入水中。这时，人们惊讶地看到：发光的水从小孔中流出来，水流弯曲，光线也随着弯曲。表面上看来，光线好像走着弯路，但是，事实上光线还是沿直线传播的，只是因为光在弯曲的水流内表面上发生了多次全反射，所以看上去就觉得光线是弯曲的。

光导纤维就是根据这一原理制造的。科学家将石英玻璃拉成直径只有几微米到几十微米像蛛丝一样的玻璃丝，然后再包上一层相对于玻璃来说是光疏媒质的材料。只要入射角满足一定的条件，光线就可以在光导纤维中弯弯曲曲地从一端传到另一端。在医学上，光导纤维可用来制造检查胃、食道、十二指肠的窥镜。科学家还将数以万计的光导纤维排成一束做成光缆，用光缆代替电缆用于光通信。随着信息技术的发展，光通信有着广阔的发展前途。

☞ 关键词：光的全反射　光的反射　光的折射

为什么滴在湿马路上的
汽油是五颜六色的

　　雨后天晴,潮湿的柏油马路在阳光的照射下,常常泛现出一块块五颜六色的油花。仔细地观察一下你会发现,这是来往汽车滴落的汽油造成的。

　　落在水上的汽油怎么会泛现出各种颜色呢?

　　汽油比水轻,落在水中就铺展开来,浮在水面上,形成一层薄薄的油膜。油膜虽然极薄,但它却像一张透明的玻璃纸,也有正面和背面。当阳光从正面射入油膜,碰到了贴在水面的油膜背面,立即反射回来;反射回来的光线射到油膜的正面,又会引起一定的反射。光线在油膜内来回地反射,就好像乒乓球在两块平行的平板之间来回弹射一样。

　　太阳光是由红、橙、黄、绿、青、蓝、紫七种颜色的光组成的。当它在油膜的正面和背面来回反射的时候,由于这两个平面之间的距离极微小,分别从正面和背面反射出来的两束光线,就可能重叠起来。这样一来,阳光中的七种颜色光,在不同

厚度的地方，有的会得到加强，有的却会减弱，甚至相互抵消。于是，油膜上有些地方显得红一些，有些地方显得蓝一些，有些地方又显出别的颜色，于是油膜就呈现出五颜六色。这种颜色称为薄膜色。这样的现象，叫做光的干涉。

其实，不仅油膜会产生光的干涉现象，只要光线射入任何透明薄膜时，都会发生这种现象。例如肥皂泡、蜻蜓或苍蝇的翅膀、CD片等等，在阳光照射下，都显得色彩缤纷，这都是光的干涉现象造成的。

☞ 关键词：光的干涉　薄膜色

为什么西汉"透光镜"会透光

古时候，还没有玻璃制造的镜子。聪明的中国人就将铜器磨光后，用来做镜子，照出人影。在众多的铜镜中，有一种最为奇特的镜子，这就是透光镜。

透光镜是汉代中期制造的，看上去和其他铜镜没什么两样，表面光洁而明亮，背面刻有铭文，能够清楚地照见人的容貌。可是，透光镜有一个奇特的现象：当一束强光照在镜面上，镜面反射的光射到墙面时，墙面上竟会反映出镜子背面的花纹和文字，看上去就像光是从背面透过来的。所以，人们称这种铜镜为"透光镜"。

很显然，光线是不能透过铜的，但是为什么会产生这种奇怪的现象呢？这个问题使人们困惑了几百年。

现在发现，西汉透光镜的镜面，有微小的起伏，这种起伏用肉眼根本无法察觉,是科学家们利用激光干涉法和 X 射线荧光分析等现代实验手段,对镜面做了精密测量后才发现的。

由于镜面的这种微小起伏,我们可以把镜面看成由无数的凸面镜和凹面镜组成。当一束光射到镜面上,反射回来的光经凸面镜的发散作用与凹面镜的会聚作用,在墙上形成了明暗不同的投影,而镜面的微小起伏又与透光镜背面的花纹相对应。因此,使透光镜的反射投影呈现出与背面花纹相对应的明暗图像,产生了所谓的"透光"现象。

我国古代的科学家和能工巧匠们,受到当时条件限制,虽然没有能说清透光镜透光的原因,但在生产实践中,却掌握了铸造透光镜的高超工艺,并能将其有效地铸造出来,这不能不说是一个奇迹。

关键词:透光镜 光的反射 凸面镜 凹面镜

为什么常用红光来表示危险的信号

汽车遇到红灯就要停下来;在修马路时,到了晚上修理点都亮起红灯;还有电影院的安全门上、高塔上等也都用红灯作标识……

为什么要点红灯呢? 是不是因为红光鲜艳,非常好看呢? 不是,这里面还包含着重要的光学道理呢!

我们知道,白光里面包含着红、橙、黄、绿、青、蓝、紫七种颜色的光,不同颜色的光,波长也不一样。其中,红光的波长最长,它能穿过雨点、尘埃、雾珠等细小的微粒;紫光波长最短,

它的穿透本领也比较小。当光照到细小的微粒上时，就要发生散射的现象，即偏离原来的方向而分散开来。不同波长的光，散射情况也不相同。波长较短的光，像紫光、蓝光等都很容易被散射开来，透过微粒的光线就少；而波长较长的红光不容易被散射，能透过微粒的光线就多。

所以，在有迷雾的天气，看到的太阳是红彤彤的。隔着毛玻璃看灯光，灯光也特别红。

正是因为红光不易被散射，具有很强的穿透本领，所以，红光被广泛地用来表示危险的信号。就连自行车的尾灯也是红色的，使后面的人容易看见前方有车行驶，不致发生交通事故。

👉 关键词：红光　散射

218

什么是激光

激光这个词,我们并不陌生。我们听的 CD 片,叫激光唱盘;我们看的 VCD 片,叫激光视盘。它们的制作和使用都离不开激光。提起激光,人们往往会联想到科幻小说中的"死光武器"。激光的确神通广大,它能射穿钢板,甚至像金刚石那样坚硬的物质,在它的照射下,也会化为一缕青烟。那么究竟什么是激光呢?

激光同普通光就其本质来说,都是电磁波,它们的传播速度都是 30 万千米/秒。但激光的产生和它的发光行为却与普通光有所不同。

大家知道,组成物质的原子是由原子核和外层运动着的电子组成。当外界给予原子一定的能量时,就有可能把电子送到较外层的轨道上去。这时候,我们就说原子从低能态跃迁到高能态。处在高能态上的原子不如在低能态上稳定,它有返回低能态的趋势,当原子自发地从高能态跃迁到低能态时就会发光,这就是自发辐射。另外,如果将处在高能态上的原子,用一个外来光子诱导它跃迁到低能态,而且这个外来光子的频率与处于激发态原子的固有频率相同,这时,就会引起原子的

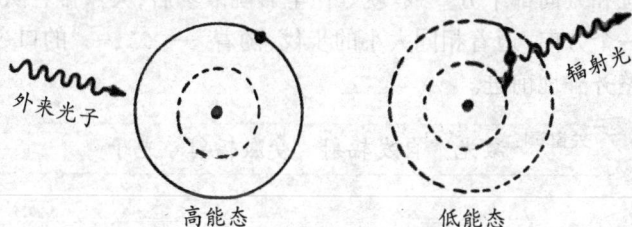

外来光子   辐射光

高能态   低能态

激光束

受激辐射。简单地说,普通光是物质的原子自发辐射产生的,而激光是物质的原子受激辐射产生的。

普通光在自发辐射的情况下,大量原子的发光动作是彼此独立进行的,它们各自在不同时刻发出频率不同、相位不同、方向不同的光。这好像电影院散场后,大家前前后后地向着四面八方以不同步伐走出来。而激光却不同,它是大量原子由于受激辐射所产生的发光行为。这样产生的激光,频率、相位和方向都十分一致。就好比电影院散场后,大家排着队朝着一个方向,迈着相同大小的步伐,随着"一、二、一"的口令,整整齐齐地前进。

关键词:激光 自发辐射 受激辐射 光子

220

激光有哪些特性

激光和普通光不同，它是由物质的原子受激辐射时产生的。因此，激光的行为也与普通光有所不同。它的特点是：方向性好、单色性好、亮度高和相干性好。

方向性就是指光的集中程度。探照灯和手电筒发出的一束光，看上去是笔直的，似乎很集中，其实，这种光射到一定距离后，就会分散开来。而激光则是方向最一致、最集中的光。一定能量的激光可以射到离地球约 38 万千米的月球上，而普通的光射出不到几百千米，就已分散得非常微弱了。1962 年，人类首次用激光器产生的光束照射到月球的表面，激光在月面上留下了一块明显可见的亮斑，这是最强的探照灯无论如何也无法办到的。

单色性是指光的颜色是否单纯，实际上就是光的波长是不是一致。可见光的波长在 400～760 纳米范围内，它包括红、橙、黄、绿、青、蓝、紫等各种颜色的光。即使是某一种颜色的单色光，波长也不一致，而是包含了一定范围内不同波长的光。例如，红光就包含了波长为 622～760 纳米范围的光。而激光的波长非常一致，一束激光中的波长差别只有亿分之一纳米，甚至更小，是一种单色性极好的光。例如，氦－氖激光器发出的一束红色激光，波长为 632.8 纳米，其单色性比一般光源的单色性高 1 万倍。

激光器具有很高的发光强度，即激光的亮度高。激光器能在一万亿分之几秒作用时间里，得到几百万亿瓦的功率，温度可达几千万摄氏度甚至几亿摄氏度。制造卫星就离不开激光，卫星中的零部件、电池、继电器等，就是用激光焊接的。如果把激光的能量会聚在一点上，不但可以打穿厚金属板，甚至还能在极坚硬、极难熔的材料上打洞。如加工喷射尼龙的喷丝孔，火箭发动机上的喷油嘴，钟表里钻石轴承的小孔，等等。要攻克这些高精度的技术难关，都离不开激光。激光还成了外科医生手中神奇的"手术刀"。激光经过弯弯曲曲的光导纤维，从一端透射出来，会聚在一个点上，这一点上的激光强度很高，可以用来切除肿瘤、在牙齿上钻孔、修补牙洞，甚至还能透过眼睛的瞳孔，把已脱落下来的视网膜重新焊接在角膜上。

相干性好，就是光的波长一致、相位一致和方向一致。如果我们把一束光比作一支正在行走的队伍，这支队伍里的每个人的步伐大小、起步时间和行进方向都不一致，简直不成为队伍，人员之间互不相干，普通光就是这样一支互不相干的"光子队伍"。而激光则是一支十分整齐而又步伐一致的"光子队伍"，即所谓相干性很好。

激光有那么大的威力，绝不是激光器凭空创造出来的，而是因为激光具有以上这些特性。激光的这些特性也是相互联系的，简而言之，可概括为一句话"单色高亮度"。

关键词：激光　单色性　相干性　方向性　亮度

什么是全息照相

全息照相是近 40 年迅速发展起来的一种新颖的照相技术。这种技术和普通照相技术相比，在原理上有着根本的区别。普通照相技术是利用凸透镜成像原理,在照相底片上记录下被摄物体反射光波的强度,因此,我们看到的照片是一张平面图像。而全息照相则完全不同,它不仅记录了被摄物体的反射光波强度,而且还记录了反射光波中的全部信息,并可以通过特殊的方法,在人们眼前呈现一张三维立体图像。那么,究竟什么是全息照相呢?

全息照相离不开激光。图中所示的就是拍摄全息照相的示意装置。一束激光经过分束装置分成两束,一束光经镜面反

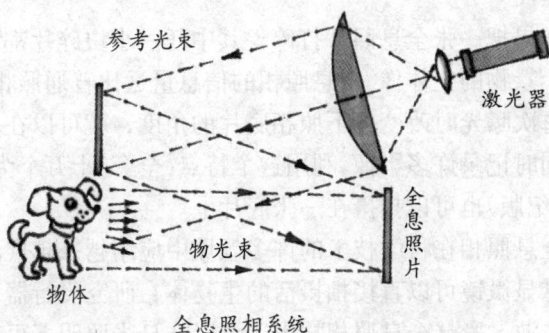

全息照相系统

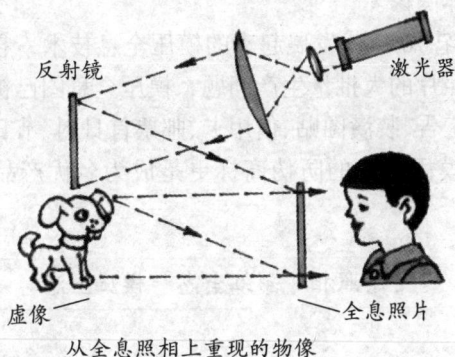

从全息照相上重现的物像

223

射后射到底片上，称为参考光束；另一束光经过被拍摄物体反射后再射到底片上，称为物光束，两束光在底片上形成干涉条纹，这样感光的底片就是全息照片。人眼直接去看这种照片，只能看到像指纹一样的干涉条纹，但如果用激光去照射它，人眼透过底片就能看到原来被拍摄的对象。全息照片形象极其逼真，立体感强。

全息照相术是由在一家英国公司进行电子显微镜研究的科学家丹尼斯·盖伯发明的。为此，他获得1971年诺贝尔物理学奖。

如果把一张全息照片打碎，其中任一小块碎片都可以再现整个景物的立体像。全息照相的信息量远比普通照相大，只要在每次曝光时改变一下照相底片的角度，就可以在一张底片上同时记录许多影像。利用这个特点，全套《十万个为什么》（新世纪版）也可以拍摄在一张底片上。

全息照相在科学技术的许多领域中应用越来越广泛，利用全息显微镜可以直接拍摄活的生物体，研究飞行器飞行时的冲击波。彩虹全息照相技术还可以在日光照明下再现被拍物体的立体图像。

20世纪70年代发展起来的模压全息技术，它成功地解决了全息照片的大批量生产问题，模压全息图已被广泛用来制作商品广告、装潢图贴、信用卡、邮票首日封、节日贺卡和吉祥物等，模压全息的防伪商标更是成为名优产品的"护身符"。

关键词：**全息照相　彩虹全息　模压全息**

为什么舞台上的激光图案
能随着乐曲的节奏变幻

你欣赏过激光音乐会吗?伴随着优美的音乐声,舞台上出现了瑰丽多彩、变幻无穷的激光图案。激光图案随着音乐节奏不断变化,使声、光、色在舞台上浑然一体,达到视觉效果和听觉效果的完美结合,大大加强了乐曲的感染力,令人感到就像在梦境中一般。

这是激光和电脑结合的杰作。

舞台上使用的激光一般有红、绿、蓝三种基本颜色,它们相互混合,能形成七彩的光。这些光都是一束束很强、很细,方向性好、相干性好、颜色非常纯的激光,人们很容易控制它们,

几乎就像画家控制手中的彩笔一样。

这些彩色的光束，经旋转着的凹凸花纹玻璃片散射，就能产生变化不定的"云雾"，波光粼粼的"海浪"，或是飘动着的"轻纱"。让它们通过旋转着的有极细格子的玻璃片，还能产生闪烁变幻的繁星图案。如果把光束射到一面小镜子上，镜子一摆动，反射光点就画出一条线，在垂直方向上再加一面摆动的小镜子，光点就能在空间画出各种各样的几何图形。如果用电脑控制这些玻璃片、小镜子的运动，就能使激光画出各种复杂的图案，还能使图案在舞台上活动起来。

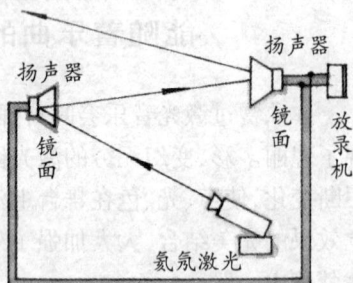

我们知道，放音乐时用的是电声设备。在电声设备中，音乐节奏表现为电信号的变化。如果把音乐的电信号输入电脑，电脑就可以根据电信号的变化来控制玻璃片的旋转和小镜子的摆动，这样产生的激光图案，就会随着乐曲节奏变化而变化。在舞台上，激光图案和音乐节奏就能完美地结合起来，音乐为激光添韵味，激光为音乐增色彩，在艺术上得到了光与声的和谐统一。

关键词：激光　电脑　电声设备

为什么 X 射线能透过人体

阳光、灯光、火光都是人的肉眼可以看到的光，称为可见光。另外，还有一些人眼看不到的光，它们虽然不可见，不过用实验的方法能证明它们确实存在，而且具有光的本性。X 射线就是其中的一种，通常人们也称它为 X 光。

1895 年，德国科学家伦琴在研究真空中的放电现象时，首先发现 X 射线。X 射线和可见光有什么不同呢？

根据科学家们的长期研究，对光的本性做了总结：不论什么光都是一种电磁波，但各种光的波长是不相同的。波长在 $400 \sim 760$ 纳米（1 纳米 = 10^{-9} 米）之间就是一般的可见光；波长小于 400 纳米的光，叫紫外光或紫外线，是不可见光；X 射线是一种波长比紫外线更短的光，只有可见光波长的万分之一，它也是不可见光。

不同波长的光穿透物体的本领是不同的，可见光只能穿透玻璃、水晶、酒精、煤油等透明物体，X 射线却能穿透纸张、木材、人体的纤维组织等不透明的物体。

为什么用 X 射线透过人体，会在荧屏上显出骨头的黑影呢？原来，X 射线透过各种物体的本领并不一样。对于由较轻原子组成的物质，像肌肉等，X 射线透过时好像可见光穿过透明物体一样，很少有所减弱。对于由较重原子组成的物质，像铁和铅，X 射线就不能透过，几乎全部被吸收了。骨骼对 X 射线的吸收比肌肉强 150 倍，因此，在用 X 射线透视人体时，在荧屏上就留下了骨骼的黑影。

X 射线能穿透人体，医学上经常用它来检查病人的肺部、骨骼和肠胃等身体的内部器官。

　　长期接触 X 射线,对身体是不利的,还可能患放射性疾病。因此,医院负责 X 光透视的医生们,都要穿戴上橡皮围裙、帽子和手套,佩戴铅玻璃眼镜,防止 X 射线射到身体各部分,对身体造成损害。

☞ 关键词: 可见光　　X 射线　　光的吸收

什么是 γ 刀

　　我们知道,手术刀是医生手中的"武器"。在手术室里,外科医生运用手术刀为患者解除痛苦或进行其他的辅助治疗。对于患有阑尾炎的病人,开刀治疗不仅仍是目前有效的手段,而且治愈率比较高。但是,对于患有像脑肿瘤这样的病人,用普通的手术刀进行开刀治疗,不但治愈率低,而且风险极高。有没有比普通外科手术更为安全、更为可靠的方法来治疗类似脑肿瘤这样的疾病呢?有,这就是利用物理学上的 γ 射线研制成功的 γ 刀治疗技术。

　　究竟什么是 γ 刀呢?γ 刀既没有刀刃也没有刀柄,甚至没有一定的形状,它是利用 γ 射线照射肿瘤等病变组织,对病变细胞所起的破坏或抑制其生长的作用而进行的治疗方法。我们知道,X 射线是一种电磁辐射,γ 射线也是一种电磁辐射,当原子核从能量较高的状态过渡到能量较低的状态时,或原子核发生衰变时就会发出 γ 射线。γ 射线的波长通常在 10^{-8} 厘米以下,比 X 射线的波长要短得多,而能量比 X 射线要强得多，通常在 10^4 电子伏特（1 电子伏特 $\approx 1.6 \times 10^{-19}$ 焦耳）以上。

在利用 γ 刀进行手术时，必须先由医生利用计算机在一架专门的仪器上精确测定病人的肿瘤部位，然后把调整好的若干束 γ 射线从不同的方向射向肿瘤部位，就像把各个方向的光线聚焦在一个焦点上，焦点部位的 γ 射线辐射剂量足够大，这样，肿瘤细胞"中弹"后便立即死亡，而正常细胞却不会受到损伤。

γ 刀擅长治疗脑部病灶，对 80% 以上的脑内病灶都能治疗。它能对脑内各种肿瘤进行手术，对脑动脉畸形、三叉神经痛、癫痫、帕金森氏症等也有特殊疗效。用 γ 刀进行手术治疗，病人不必麻醉，头颅无须打开，手术时间短，一般只需几十分钟就可以完成手术，病人在一周以后就可以正常学习和工作。

☞ 关键词：电磁辐射　γ 射线

为什么安全检查仪能查出行李中暗藏的违禁品

在车站、码头和机场的入口处，都配备用于安全检查的安全检查仪。旅客在入口处，都要让行李经过安全检查仪。一旦发现行李中藏有易燃、易爆及易腐蚀性的违禁物品，安全检查仪就能发出警报，不让这些违禁物品蒙混过关，保证旅客在旅途中的安全。

安全检查仪为什么能发现行李中的违禁物品呢？这全靠

X射线来帮忙。我们知道，X射线是一种电磁波，它的波长比紫外线的波长还短，一般不超过1纳米。这就使得X射线有着同可见光不同的性质，普通的可见光只能穿透水、玻璃等透明的物体，而X射线却能穿透纸板、木材、布等不透明的物体。而且，X射线透过各种物体的本领并不一样，对于较轻原子组成的物体，X射线可以一穿而过，很少被吸收。而随着组成物质的原子量加重，它们对X射线的吸收也越来越多。旅客所携带行李中各种物品的密度是各不相同的，它们对X射线的吸收程度也就有所差别。在安全检查仪里，当X射线扫过这些物品时，由于它们有的吸收X射线多一些，有的吸收X射线少一些，在荧屏上就会呈现深浅程度不同的影像。根据各种物品在荧光屏上所呈现的不同影像，安全检查人员就能进行对照分析，以便做出正确判断，及时发现行李中夹带的违禁物品。

　　同时，安全检查仪还能将透过的一定强度的X射线信号转变成电信号，一旦发现与某种违禁物品产生的电信号类似，报警器就会自动发出警报，提示检查人员开箱检查。

关键词：安全检查仪　　X射线
　　　　光的吸收　　违禁物品

什么是光速不变原理

　　速度是描述物体运动快慢和方向的物理量。人们的日常生活经验告诉我们，在判断同一物体的运动状态时，在不同地方的观察者得出的结论可能是不同的。一个最明显的例子是：

一个站在地面上的人,看到公路上有一辆汽车急速行驶时,如果这辆汽车中有另外一个人与外界完全隔绝,他看不到车外任何景色,也听不到汽车发动机的任何声响,那么车内这个人必定认为这辆汽车是静止的。他们之所以会有不同的结论,是因为每个人选择的参考系不同。地面上的人以地面上的树木、房屋为参考背景,看到汽车位置在变动,因此理所当然地认为汽车在行驶中。而汽车中的人以汽车为参考背景,汽车有多快,参考系也有多快,因而,这个人认为汽车是静止的。尽管如此,大量的观察表明,在地面上做物理实验得到的结果,和在这辆汽车上(假设汽车作匀速直线运动)做同一个实验所得的结果是一样的,这就是物理学上所谓的伽利略相对性原理,即如果力学定律在一个参考系中是有效的,那么在任何其他相对于这个参考系作匀速直线运动的参考系中也是有效的。这种力学定律在其中有效的参考系称为惯性系。

爱因斯坦分析了直到 20 世纪初的物理学成果,认为伽利略相对性原理是普遍正确的,并进一步指出:不仅是力学定律,而且电磁学和其他物理定律在所有惯性系中都有相同的形式。

然而,在解释电磁波传播时,相对性原理却面临着进退两难的局面:一方面,科学研究证明了电磁波的存在和电磁波在真空中传播速度等于真空中的光速 c,那么,根据相对性原理,真空中光速 c 对所有惯性系——不管它们相对静止或相对运动——都是相同的,与发出电磁波的波源的运动无关! 但另一方面,任何物体运动快慢总是相对于一定参考系而言的,因此,"光速 c 对任何惯性系都是相同的"说法是不允许的。

面对这种严重的抉择,爱因斯坦于 1905 年 9 月在德国

《物理年鉴》上发表了题为"论运动物体的电动力学"的论文，提出了两条基本假设：一条是相对性原理，另一条就是光速不变原理，即在所有惯性系中，光在真空中的传播速度都是相同的 c。根据最新测量结果，1986 年光速的推荐值为 $c = 299792458$ 米/秒。

那么如何理解"运动快慢是相对于参考系的"这个符合人们常识的结论呢？爱因斯坦认为，当物体运动时，在不同惯性系中观察得到的结论，是可以通过一种称为"洛伦兹变换"的方式互相联系起来的，也就是从一个惯性系"看到"的物体运动快慢，可以通过"洛伦兹变换"推算出它在另一个惯性系中的运动快慢。按照这种变换，一个运动的物体在运动方向上长度会缩短，当它运动速度接近光速的 90% 时，计算表明，它的长度只有原来的一半；而且，一个运动着的钟的步调也会比静止时的步调慢，当它以光速运动时，运动步调就完全停止了。正是根据这样的时空观，如果一个物体相对于船的速度是光速 c，那么它相对于岸的速度也是光速 c，那种"运动快慢是相对于参考系的"结论在这种情况下已不适用了。由于人们的常识是在运动速度比光速小得多的情形下得到的，在低速运动的宏观世界里，人们观察不到"洛伦兹变换"带来的结果，因而常识的结论是有效的，与光速不变原理并不矛盾。

关键词：参考系　惯性系　伽利略相对性原理
相对性原理　光速不变原理
洛伦兹变换　时空观

为什么任何物体的运动速度
不可能达到和超过光速

按照人们日常生活的经验，似乎某一处发出的光亮可以立刻被处在一定距离外的观察者看到。从通信的意义上说，发出光亮就是发送信号，看到光亮就是接收信号。发送信号和接收信号是不是在同一时刻呢？如果在同一时刻，那么光的速度应该是无限大；如果不在同一时刻，光的速度就是有限的。

300多年前，丹麦天文学家奥勒夫·罗麦通过观察木星卫星食的周期，得出了光速是有限的结论。他测得的光速数值为 $c = 2.77 \times 10^{10}$ 厘米/秒。1849年，英国的詹姆斯·布喇德雷利用齿轮法又一次成功地测定了光速。以后经过多次改良，人们确定了真空中的光速为 $c = 2.997925 \times 10^{10}$ 厘米/秒，即在1秒钟内，光可以绕地球跑七圈半！光以这样高的速度运动，在日常观测的距离上，光走过的时间实在是太微小了，以至于人们会错误地认为：光发送信号和接收信号是在同一时刻。

现今世界上存在的万事万物之中，运动速度最快的就是真空中的光速，没有其他物体的运动速度可以达到和超过光速。这是为什么呢？

原来，讨论光速的问题不单单是一个速度大小的问题，而是一个关系到人们应该用什么样的时间、空间观念来认识自然界和整个宇宙的发展变化。正是在这一点上，牛顿创立的经典物理学与爱因斯坦建立的相对论有着根本的区别。

牛顿认为，时间是绝对的，从远古的过去到无限的未来，时间总是以同样的方式流逝过去。空间也是绝对的，即衡量空间大小的长度总是固定的，无论时间和空间的测量都不会受物体运动状态的影响。此外牛顿还认为，物体的质量也是不变的物理量，不管在什么运动状态下，质量不会改变。

正是在对空间、时间和质量这三个基本物理量的看法上，爱因斯坦持有与牛顿完全不同的结论。他认为，这三个物理量不是绝对的而是相对的，也就是它们与运动状态有着密切的关系。

如果有一把静止的长度为 L_0 的直尺，当它以速度 v 沿直尺方向作直线运动时，它的长度在运动中被测量的结果是：

$$L = L_0 \cdot \sqrt{1 - \frac{v^2}{c^2}} ,$$

这里 c 是光速。由于光速很大，因此 L 比 L_0 小，而且运动速度越大，L 缩短越明显。通过计算，你会发现：一把静止时长度为 1 米的直尺，在运动速度达到 $0.9c$ 时，长度只有 0.436 米。1 米的尺缩短了一半还多！

与此相仿，如果一个时钟以速度 v 作直线运动，那么静止时的时间间隔 Δt_0，在运动时变成了 Δt，它们之间的关系是：

$$\Delta t = \frac{\Delta t_0}{\sqrt{1 - \frac{v^2}{c^2}}} 。$$

在静止时时钟走一整天 24 小时的时间间隔，当时钟以 $0.9c$ 速度运动时，竟然要走上 55 小时！时间间隔延长了一倍多！

质量也是相对的。按爱因斯坦的理论，一个静止质量为 m_0 的物体以速度 v 作直线运动时，它的质量会变为：

$$m = \frac{m_0}{\sqrt{1 - \frac{v^2}{c^2}}} 。$$

静止时质量为 1 千克的物体, 在运动速度达到 0.9 c 时, 质量增加为 2.29 千克!

长度缩短、时钟变慢、质量增大, 这一切真的会发生吗?在高能物理的许多实验中, 科学家已经完全证实了这种相对论效应。由于我们日常生活中的物体运动速度比光速小得多, 因此, 虽然相对论效应仍然存在, 但是引起的变化微乎其微。

假如物体运动速度 v 等于或超过光速时会得到什么结果呢?显然, $\sqrt{1 - \dfrac{v^2}{c^2}}$ 就会变为零或虚数。这时, 静止时为任何长度的物体在运动时将收缩为零或虚数, 时间间隔 Δt 和质量 m 在运动时将变成无穷大或虚数, 这样的结论至今还没有人能证明它们的合理存在。由此可见, 具有一定静止长度、静止质量, 并在某个时间间隔 Δt 内运动的物体, 它的速度只能接近光速, 而不可能达到和超过光速, 这是近代物理学上一切物体运动速度的最高限制。

关键词: 光速　空间　时间　质量　相对论

什么说天上的光线是弯曲的

1919 年, 伦敦《泰晤士报》上登载了一篇令人惊奇的文章, 它的标题是"天上的光线是弯曲的"。初听起来, 这个说法确实有点不可思议, 实际上这个结论是爱因斯坦提出的"空间弯曲"的必然结果。

什么是空间弯曲?又是什么力量造成空间弯曲的呢?

从日常生活经验中我们知道, 一个物体如果受到的外力作用方向和它本身运动速度不一致时，物体就会偏离原来的行进路线而作曲线运动。典型例子就是平抛运动，当一块石子沿水平方向抛出以后，它受到了竖直向下的重

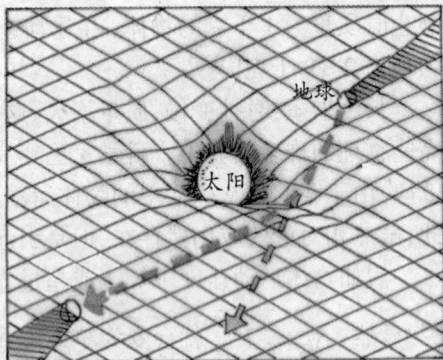

力作用，因而行进的路线变成了抛物线。众所周知，地球绕着太阳运行，月亮绕着地球运行，它们运行的轨道也是弯曲的，其原因在于太阳和地球之间、地球和月亮之间存在着万有引力。把万有引力与我们很熟悉的摩擦力、弹性力相比，可以发现，两个物体之间的万有引力是通过相距的空间范围而发生的，而摩擦力、弹性力是由于两个物体直接接触而产生的。这个发生引力的空间就称为引力场。

爱因斯坦相对论的一个核心内容，就是认为时间和空间并不是像牛顿所说的那样是绝对的，而是与物体运动状态紧密相联的相对的物理量。根据相对论原理，地球之所以沿曲线轨道运动，应该看成是太阳产生的引力场使空间发生弯曲而造成的。质量越大的物体，产生空间弯曲就越明显。当另一个具有确定质量和速度的物体，从很远的地方向这个大质量物体靠近时，它就从"平坦"的空间走进了"弯曲"的空间，于是行进的路线也就变得弯弯曲曲起来。

用这个观点去分析光的传播现象，我们看到，光沿直线传

播,那是因为在光传播的行程中没有进入"弯曲"的空间,或者即使存在由于质量而引起的"弯曲"空间,其弯曲的程度太微小,因而我们观察不到光的传播路线与直线的偏离。然而,一旦光进入存在大质量而造成的"弯曲"空间,光的传播就不再是直线的,而应该是弯曲的。这个想法不是凭空想像出来的,而是完全被实验观察证实了的。早在 1919 年 5 月,英国天文学家阿瑟·斯坦利·埃丁顿利用一次日全食的时机,带领了一支探险队来到非洲,验证了光线因太阳质量而造成的弯曲。尽管这个观察相当困难,误差也大,但是,多次测定结果表明,光线确实发生了弯曲,弯曲角度在 1. 61″ ~ 1. 95″之间。当年 11 月,英国皇家学会和皇家天文学会破例举行了大型发布会,向世人公布了这项人类科学史上最伟大的成就之一。

☞ 关键词:空间弯曲　引力场　光的传播

为什么光量子既不是物质
粒子也不是波

　　光量子又称为光子。这个名词是爱因斯坦 1905 年在公开发表的一篇著名论文中首先提出的,由于光子学说的巨大成功,爱因斯坦获 1921 年诺贝尔物理学奖。

　　那么,究竟什么是光量子呢? 在日常生活中,光是最为人们所熟悉的东西。如果没有光,人们简直无法生活。但是,人们认识光的本性却经过了艰难而又曲折的道路。

　　以牛顿为代表的一种理论认为, 物体发光是因为它发射出光的粒子(微粒)流,我们之所以能看到光,是由于这些粒子落到眼睛上引起了视觉。按照这个理论,人们把光的反射现象解释为光的粒子在反射面上发生了弹性碰撞而造成的结果。

然而与牛顿同时代的惠更斯则认为,物体发出的光是一种波动,这种波动不同于人们通常观察到的水波和声波——它们都有传播波动的介质,水波的传播介质是水,声波的传播介质是空气或其他液体和固体,而光波的传播是在真空中进行的,也就是说光波以真空为介质。

这两种理论一开始就发生了冲突,但由于牛顿在科学界的崇高威望,光的微粒说在很长一段时间内占统治地位。直到19世纪初,杨氏、菲涅尔、夫琅和费新发现的光的干涉、衍射和偏振现象,与惠更斯的光的波动说十分吻合,而牛顿的光的微粒说对此却无法做出解释。

随着光学仪器的发展,光学理论也有了很大的进展。麦克斯韦证明了光波是一种电磁波后,光的波动理论似乎完全被实验所证实,光是波动的说法也为人们普遍接受。

但是,光是波动的理论在光电效应的实验结果面前却一直显得无能为力。所谓光电效应指的是:当用光照射金属表面时,会把电子从金属中打出来。早在1872年,莫斯科大学的斯托列托夫就已发现了这个现象,以后德国物理学家赫兹和雷

杨氏干涉实验

纳德对此也进行了研究。当人们试图用光的波动说去解释光电效应时，得出的结论是：当光的强度增大时，从金属中被打出来的电子的速度也应增大。而实验结果表明，用同一频率的光照射时，不论光的强度多大，所有观察到的电子都具有同样的速度，也就是说，从金属中被打出来的电子的速度与光的强度无关！而且当光的频率达到某个极限值时，才会在光照条件下使电子从金属中飞出。而且，从金属中能不能打出电子与光的频率有关，即用紫光照射时飞出电子的速度比用红光照射时飞出电子的速度大！于是，光是波动的说法在实验面前陷入了困境。

爱因斯坦以创造性的思维完全从一个不同的角度去考察了光电效应。他提出了光是光量子的理论。按照这个理论，光的能量是由一份一份的不连续的最小单元能量组成的，而这个单元能量大小和光的频率正好成正比关系。光仍然像波动一样具有频率（或波长），但是光还具有微小"粒子"的特性——一个一个的能量单元。这样，光无非就是一束能量流，其中最小的单元能量就称为光量子(光子)。当光照射到金属表面时，光就把光量子的能量传递给电子，光量子就消失了，而电子得到光子的能量，再加上它自身的能量就可能从金属中飞出。由于光量子能量只与光的频率有关，因此只有大于一定频率的光，才能提供足够的能量使电子从金属中被打出来。这样，光量子的理论就以简洁清晰的方式解释了光电效应。

爱因斯坦的成功使他荣获了诺贝尔奖，但是光量子理论却把100多年前关于光的本性的问题的讨论又重新摆到人们面前，光究竟是什么？是波动还是粒子？

物理学的发展已经使人们不得不接受这样的说法，即光有时以波动的面目出现（如光的干涉和衍射），有时又以粒子的姿态出现（如光的入射和反射），但是光既不是如同水波、声波那样的波动，也不是如同微小质点那样的物质粒子，光具有波动－粒子的二象性，也就是波粒二象性。

那么为什么人们看到的太阳光或其他光源发出的光总是稳定的、连续的，而不是一份一份的呢？这是因为光量子的能量微乎其微，用数学形式表示出来就是著名的普朗克关系 $E = hv$，h 称为普朗克常数，数值是 6.62618×10^{-34} 焦·秒，虽然这个数值如此微小，但对于物理学的发展，对于人们认识光的本性的作用却大得很呢。假设我们点亮一盏 25 瓦的电灯泡，并把发出的光都看成黄光，那么这束光就包含有 6×10^{19} 个光量子的能量单元，或者说，这束光发出了 6×10^{19} 个光量子，即每秒发出 6000 亿亿份能量单元。由于人的肉眼具有的视觉暂留特征，因此，当如此多的光量子以如此快的速度入射时，人的眼睛根本察觉不到一份一份的光量子，所看到的就是一束连续的光。

由此可见，光量子指的是能量的最小单元，它不是物质粒子。虽然光量子的能量大小与频率有关，但它也不是通常我们看到的波动。

关键词：光的微粒说　光的波动说
　　　　光　光量子　光电效应
　　　　波粒二象性　普朗克关系

为什么说基本粒子并不基本

经过 20 世纪以来近 100 年的努力,物理学家像剥洋葱头似的已经剥开了物质结构的五个层次:分子、原子、原子核、基本粒子和夸克。

我们周围的一切物质通常都是由分子构成,分子又是由原子构成。20 世纪最初的 20 年间,人们又发现了原子的结构,原子是由原子核及核外运动的电子构成。30 年代,物理学家又发现了原子核的结构,它们是由质子、中子等微观粒子所构成。40 年代末以来,物理学家从宇宙线及加速器实验中不断地发现了更多的微观粒子,如 μ 子、Σ 子、π 介子、K 介子等等。当时,人们把光子、电子、质子、中子、μ 子等统称为基本粒子。认为它们是构成物质的最基本的东西,没有大小也没有结构。其中光子就是构成电磁场的基本粒子。迄今人们已发现了 400 多种基本粒子。

基本粒子是比原子核更深一层次的物质存在的形式。这些基本粒子中的大多数寿命极短,且通常存在于像原子核这样极细微的空间内。这些粒子质量的大小有很大差别,一般可按其质量大小及其他性质的差异而把它们分为光子、轻子、介子、重子(包括核子、超子)四类。它们之间存在着强弱不同的作用,并且不断地发生着各种粒子的产生、湮灭及相互转化现象。

从 20 世纪 60 年代开始,物理学家又进一步发现,这些基本粒子中的大多数,如质子、中子、π 介子等实际上并不是"基本"的,它们也具有内部结构。构成这些基本粒子的组分粒子

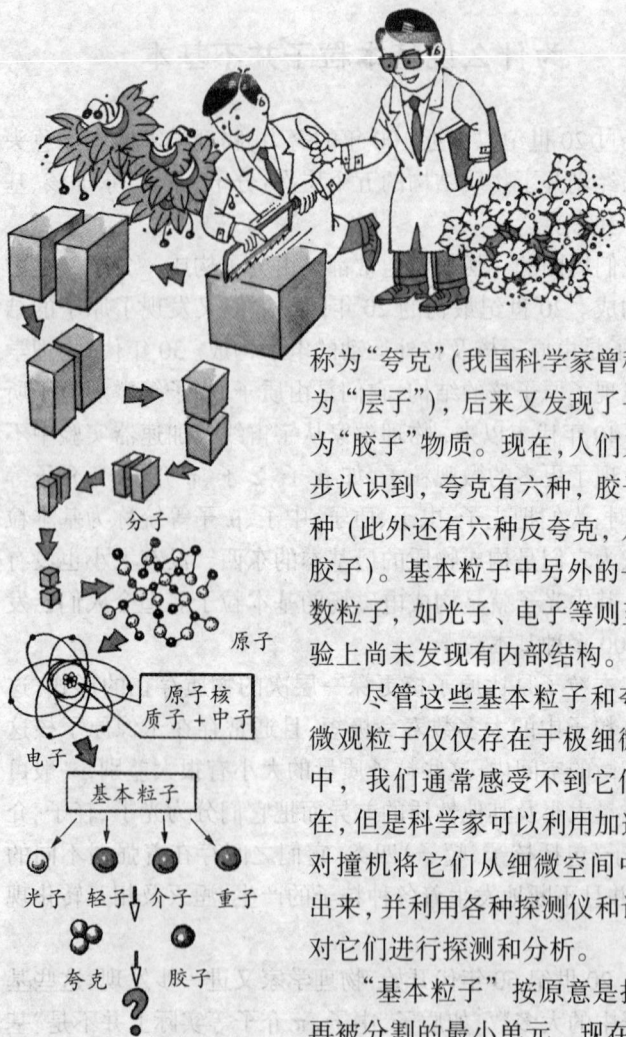

分子

原子

原子核
质子＋中子

电子

基本粒子

光子　轻子　介子　重子

夸克　　　胶子

称为"夸克"(我国科学家曾称它们为"层子"),后来又发现了一种称为"胶子"物质。现在,人们又进一步认识到,夸克有六种,胶子有八种(此外还有六种反夸克,八种反胶子)。基本粒子中另外的一些少数粒子,如光子、电子等则至今实验上尚未发现有内部结构。

尽管这些基本粒子和夸克等微观粒子仅仅存在于极细微空间中,我们通常感受不到它们的存在,但是科学家可以利用加速器和对撞机将它们从细微空间中揭发出来,并利用各种探测仪和计算机对它们进行探测和分析。

"基本粒子"按原意是指不能再被分割的最小单元,现在看来,这仅仅是一种历史概念。基本粒子并不基本，它们还具有内部结构，更确切地可以称它们为"粒子"。当初，"原子"这个概念也是指构成世界万物的最终单元，但是现在已没有人认为原子不能被分割，但认为"分割有止境"的人却不少。人们对于物质结构的认识还将不断深入。

关键词：分子　原子　原子核　质子　中子
　　　　强子　轻子　基本粒子　夸克　胶子

为什么研究小小的基本粒子
要用巨大的加速器

　　基本粒子是目前人们能认识到的最小的粒子。基本粒子究竟有多么小？打个比方来说，如果有一种放大镜能把乒乓球放大到地球那么大，那么用同样的放大倍数去看基本粒子，基本粒子也只有一个乒乓球那么大。把1万亿个基本粒子排成一列横队，让这列横队齐步穿过缝衣针的针孔，也还绰绰有余呢！

　　对于如此微小的基本粒子，人们无法用肉眼观察到它们的运动，甚至用高倍显微镜也难以捕捉它们。目前，科学家无法制造出比基本粒子更精细的仪器来探测基本粒子，于是只好用基本粒子作为"解剖刀"来了解基本粒子的结构。这种"解剖刀"的天然来源是宇宙线中的高能粒子。但是，宇宙线中高能粒子出现的机会很小，而且强度很弱，更重要的是，人们无法按不同实验需要对它进行控制。于是，科学家制造了各种各样的称为加速器的工程设备来产生高能粒子，以便用这些高

243

能粒子有效地、定量地按计划进行基本粒子实验。最初人们制成的加速器是直线加速器,它的长度达 3 千米。如果要产生再增加 20 倍能量的高能粒子,直线加速器的长度将达到 75 千米。能不能使高能粒子走曲线轨迹,从而大大缩小加速器的范围呢? 早在 1930 年,劳伦斯就提出了制造回旋加速器的方案。按照这个方案建造的回旋加速器直径约为 2 千米,研究的粒子线度越小,所需能量越高,那么加速器的直径就会越大。

为什么研究小小的基本粒子,要建造那么巨大的加速器呢?

原来,基本粒子的运动规律并不像我们在宏观世界中观察到的物体的运动(例如乒乓球的运动)那么简单。它们有一种奇怪的特性,即具有波动性质和粒子性质的双重成分。每一种微观粒子的运动都有一种波与它相伴随,这种波的波长与粒子的动量成反比。像乒乓球这样的物体也有这种波动性,但是乒乓球质量比起基本粒子来大得多,因此,这种波动性的波长很短,我们可以完全不考虑它对乒乓球运动的影响。然而研究基本粒子时,必须重视这种波动性的作用。为了"看清"基本粒子的结构,作为"解剖刀"的基本粒子的波长应该越短越好,否则难以做出精确的测量,但是波长越短,相应的动量就越大,这样高速的粒子走直线很容易,要它们转个弯沿圆弧运动就不那么简单了。解决的办法,只能把加速器"跑道"的弯曲程度尽量减小,这样,加速器的直径就不得不做得很大。

然而,随着科学技术的发展,人们相信,加速器的尺寸可以大为缩小。1953 年,在纽约布鲁克海文国家实验室制成的质子同步加速器就是其中的一种,这种加速器原则上不受体积限制,造价又比较低廉,当然在技术上它又带来了不少新问题有待人们进一步解决。

关键词： 基本粒子　加速器　高能粒子

为什么说等离子态是物质第四态

在通常的温度和压强条件下，我们看到的物质总是以气态、液态或固态的形态出现。水就是典型的例子，水是液态，在0℃时，水会变成固态——冰，而在100℃时，水又会转变成气态——水蒸气。气态、液态和固态是物质存在的三种状态，它们之间的互相转化是在常温、常压下发生的。

如果从物质的微观结构上看，我们可以按组成物质的粒子，如原子、分子和离子的排列是否有次序，来区分物质的三态。组成固体的物质粒子排列成整整齐齐的“格子”，每个粒子在“格子”的顶角上稍微有点“坐立不安”，这种状态是最有次序的状态。如果给固体加热，处于“格子”顶角上的粒子从外界获得能量以后，变得更不安分，甚至开始从顶角逃离，于是固态就变成了排列次序较差的液态。同样，当继续对液体加热到一定温度时，几乎所有的粒子都变成“自由自在”的粒子，原来的排列次序不复存在，于是出现了最没有次序的气态。

这里，自然可以提出一个问题：当我们继续对气体加热时，气态会不会转化为新的状态呢？实验证明，当温度达到几千摄氏度以上时，气体原子中的电子也会摆脱原子核的束缚而变成自由电子，而原子则因失去电子而变成带正电的离子，这个过程称为电离。电离以后的气体已经不是原来的气体了，

245

虽然它们都处于电中性状态,但是,电离使原来中性的气体原子的有序度(尽管这种有序比固态、液态差)又一次受到破坏,而且电离以后气体的基本成分是电子、离子和中性原子,因此这种状态不能归入前面提到的三态,而是物质的第四态,它被称为等离子态。通常气体中分子、原子不停地做杂乱无章的热运动,而在等离子态的气体中,电子还会呈现出一种集体来回振荡的运动,特别是把等离子态气体放在磁场中时,这种振荡会受到磁场的影响和支配,这些都是等离子态气体与一般气体的主要区别。

地球附近温度较低,不具备产生等离子态的条件,但在特定条件下,地球上也能产生等离子体,如夏天产生雷电时,就是空气被电离以后产生的等离子态气体发出的光亮;街头上五彩缤纷的霓虹灯色彩也是等离子体产生的。

宇宙中有99.9%以上的物质处于等离子态,太阳就是一个灼热的等离子体火球。因此,等离子态是物质存在的又一种普遍形态,而人类则幸运地生存在仅剩的不到0.1%的非等离子态的地球上。

关键词: 固态 液态 气态 等离子态 电离

为什么说超导体不是完全导体

导体这个名字对我们来说并不陌生。当我们每天打开收音机和电视机时,导体就会大显身手,把电信号转变为动听的音乐和绚丽的图像。导体之所以有很好的导电性能,这是由它们的内部结构决定的。但是,不管什么导体,在电流通过的道路上总会对电流产生一些阻力。当一个很强的电流通过导线时,导线会发热,这正是这种阻力,即导线中的电阻引起的。正因为有电阻存在, 电流的能量不得不分出一部分消耗在电阻上,从而使有用的电能白白浪费掉了。

电流是怎样在导体中流动的? 是否存在没有电阻的完全导体?这是人们很感兴趣的两个问题。

原来, 电流的流动是由导体中一种特殊力——电场力引起的。当电流遇到电阻,流速减缓下来时,电场力就助上"一臂之力",让电流冲破阻力在导线中流动不息。产生这种电场力的源头就是电源。如果导线中没有电阻,电流的流动就不再需要电场力推动而能永远流动下去, 这样的导体就是完全导体。在完全导体中,电场力不仅没有"用武之地",而且根本没有"容身之处"。因为完全导体中已经没有电阻,电荷一旦受力,就会越流越快,最后使导体中电流变得越来越大,以至不可收拾,这种情况在现实中是不可能出现的。因此,在完全导体中根本不存在电场力。科学家已经证明,这种电场力还出自随时间变化的磁场。既然完全导体内部没有电场,那么完全导体中也不可能存在随时间改变的磁场。

1911 年, 在卡末林·昂尼斯教授领导下的荷兰莱登实验室里,一项重大的发现使研究人员大为惊讶,原来他们发现在温度 4.2K(约 -269℃)附近, 水银的电阻突然消失了。后来又发现在 3.8K(约为 -270℃) 时, 锡的电阻也不复存在了。当时,他们就把这种特殊的导电状态称为超导态。在很低的温度下呈现超导态的导体就是超导体。

超导体是不是完全导体呢?

从电阻为零这个特点看，超导体与完全导体没有什么区别。然而，科学家们通过实验揭示出超导体有一种很特别的个性，这种个性称为完全抗磁性，它是完全导体所没有的。

用一块磁性很强的磁棒靠近导体时，导体往往会被磁棒吸引过去，这是因为导体受磁棒影响也有了磁性，这叫磁化。然而把磁棒靠近超导体时，磁棒却会受到很大的阻力。如果超导体放在桌面上，磁棒从上面靠近超导体时，磁棒受到的阻力大到可以与磁棒重力相平衡，以至于磁棒被悬浮在超导体上面，这就是磁悬浮现象。产生这个现象的原因就在于超导体不会被磁化，它有着很强的抗磁性。在完全导体中，磁场一经产生，就再也不会增加或丧失，但是在超导体中，根本不会出现任何磁场。即使原来导体中有磁场存在，一旦变为超导体以后，磁场就统统被推斥到超导体之外，如果在超导体外面加上一个磁场，那么这个磁场根本无法进入超导体内。因此，从抗磁性上看，超导体不是完全导体，它是在极低温下导体存在的一种新的状态。

正是利用了超导体的抗磁性效应，现在人们已经制成了磁悬浮列车。列车悬浮在钢轨上行进，没有通常列车的车轮与钢轨之间的摩擦阻力，其速度就可以大大加快了。

☞ 关键词：电阻　完全导体　超导体
抗磁性　磁悬浮

248

为什么说液晶
既不是晶体也不是液体

　　人们通常把固体分为两大类：晶体和非晶体。像水晶、云母、冰、金属等属于晶体，晶体具有规则的几何外形。当被加热到一定温度时，晶体会在熔点处开始熔化，直至最后变为液体。此外，晶体还有一些古怪的特性，例如石墨晶体在被加热时，它会在某些方向膨胀，而在另一些方向竟然会收缩；在剥开云母薄片时，我们往往有这样的经验，在平行于薄片平面的方向上容易使云母片裂开，而在垂直方向上却要用很大的作用力才能使薄片分裂成两半。晶体的这种特性称为各向异性。而像玻璃、石蜡、橡胶等就属于非晶体，非晶体没有规则的几何外形，也没有熔点，更没有各向异性的特征。

　　早在 1881 年，人们就发现，某些晶体在熔化为液体的过程中，并不是仅仅在一个熔点处变为各向同性的普通液体，而是会出现两个熔点。在两个熔点处，晶体所处的状态是不同的。当温度达到第一个熔点时，晶体熔化为一种混沌黏稠的液体，而当温度升高至第二个熔点时，液体变得明澈清晰起来。我们把第一个熔点称为晶体的熔点，第二个熔点称为晶体的清亮点。在温度介乎熔点和清亮点之间时，晶体所处的状态就称为液晶态。处于液晶态的物体既具有液体的流动性也具有晶体的各向异性。但是普通的液体是各向同性的，因此液晶不是液体。而完全的晶体是有一定几何形状的，因而也不能把液晶归入晶体。

　　液晶有很多种类，其中有一种液晶的分子结构呈螺旋形，称为胆甾型液晶。在太阳光照射下,随着温度的升高,这种液晶会魔术般地按红、橙、黄、绿、青、蓝、紫的顺序依次呈现出不同的颜色。当温度下降时,它又会按相反顺序变回去。有些灵敏度很高的液晶,在外界温度变化不到1℃时,就会很快地出现颜色的变化。利用液晶的这种特点,人们已经制成了各种检测温度的液晶探测器件和液晶显示器。当你戴上电子手表时,那些闪烁不停并且依次改变的数字正是液晶的特性显示呢。

关键词:晶体　非晶体　熔点
　　　　清亮点　各向异性　液晶

为什么说 C_{60} 的分子结构模型像一个足球

在门捷列夫元素周期表中, 碳元素 (化学符号 C) 是十分活跃的一个元素。科学家用 X 射线对碳的家族进行了"全身检查"以后发现, 由于碳原子在分子内部排列结合的方式不同, 碳的家族中各个成员居然在"脾气属性"上大相径庭: 铅笔

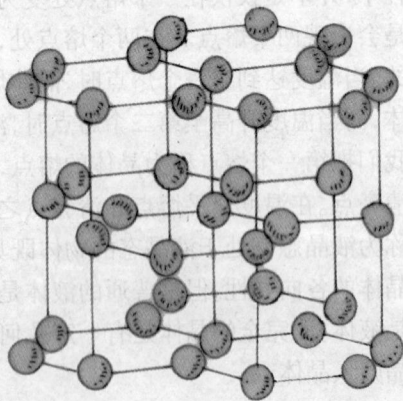

石墨晶格结构

250

中的软铅芯材料——石墨，它的碳原子是一层一层排列起来的。在每层内部，原子排列成六角蜂巢状，这种层状结构使每层之间相互作用很弱，因而石墨显示出柔软的个性。而同样是由碳原子构成的珍贵华丽的钻石——金

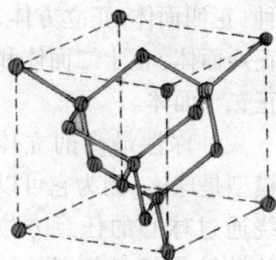

金刚石晶格结构

刚石,碳原子的排列就与石墨完全不同,其晶格结构称为立方单元型,正是这种结构,使金刚石显示出无比坚硬的属性。

仔细研究碳原子的这些结构,我们可以发现,这些原子的排列都有着某种对称性,也就是把这些结构绕一定的转轴转动某个角度或沿某个方向平移以后,所得到的结构与原结构毫无区别,这种变换中的不变性就是对称性。从几何上看,正多面体就是对称性的图形，而现已证明正多面体一共只有五

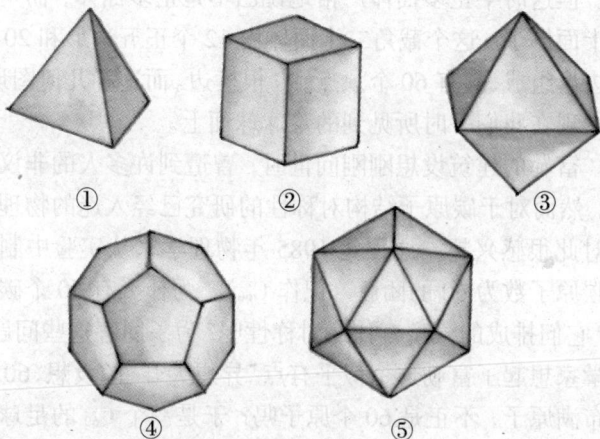

① ② ③

④ ⑤

种：正四面体，正立方体，正八面体，正十二面体和正二十面体。

对称性最高的立体模型是球体，因为它可以绕通过球心的任意方位的转轴作任意角度的转动，所得的球体丝毫不变。古希腊哲学家毕达哥拉斯曾赞美地说过："一

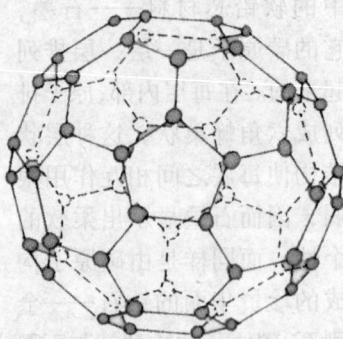

C_{60}

切平面图形最美者为圆，而一切立体图形最美者为球。"有一位建筑学家名叫巴克敏斯脱·富勒，他从原子、分子结构得到启示，提出了球面大圆弧屋顶的建筑设想，而最合适的、能模拟球面的多面体就是正二十面体。富勒认为，截去正二十面体的全部顶角以后，余下的半正多面体正好紧贴在球面上。但这时半正多面体严格地说已不是正多面体，而是截角二十面体了。这个截角二十面体由 12 个正五边形和 20 个正六边形组成，共有 60 个顶点，90 根棱边。而这种几何图形，恰好出现在我们平时所见到的足球球面上。

富勒的建筑设想刚刚问世时，曾遭到许多人的非议和责难，然而对于碳原子结构对称性的研究已经入迷的物理学家却对此很感兴趣。原因是 1985 年物理学家从实验中制备出了碳原子数为 60 的团簇（记作 C_{60}）。为什么有 60 个碳原子呢？它们排成的模型有什么对称性呢？为了回答这些问题，物理学家想起了富勒这个似乎有点"异想天开"的设想，60 个顶点布满原子，不正是 60 个原子吗？于是一个 C_{60} 的足球模型

就形成了。后来的许多实验完全证实了这个模型，于是，C_{60} 又被称为巴氏球或富氏球。C_{60} 模型的出现是材料科学发展进程中的一件大事，它对于人们深刻揭示物质特性将会产生重大的影响。

☞ 关键词：碳　金刚石　石墨　对称性
　　　　　正多面体　巴氏球　足球

为什么激光能使原子"冷却"下来

1997年，又有一位美籍华人获得了物理学的最高奖——诺贝尔物理学奖，他就是美国斯坦福大学时年50岁的物理学教授朱棣文。他在物理学上所做出的突出成就是用激光使原子"冷却"下来，然后捕获它们，并让原子按照人们的意愿运动。

为什么激光能使原子"冷却"下来？人们操纵原子有什么用处？

原来，物质是由分子、原子等组成的，而分子、原子处在完全无规则的运动状态中。在室温条件下，气体中的分子、原子的运动速度是超音速的(大约在332米/秒以上)，比一般的喷气式飞机还快。为了捕获这些瞬息万变的原子，首先就要使它们的运动速度变慢，而变慢就意味着气体温度下降。只有使原子"冷却"到很低的温度时，人们才有可能捕获和控制原子。

激光与普通光源发出的光不同，它可以把很高的能量集中照射到很小的一个范围内。利用这种特性，人们已经制成了用于激光加温和激光手术的许多器件。当激光用于"冷却"原子时,先让一束激光迎着原子的运动方向照射到原子上去,原子与每一个光子碰撞后都会减少一点速度。当原子与许许多多光子碰撞后,速度就会大大减缓下来,从而使温度降低。当温度非常低时,用非常微弱的力量就可以捕获原子。

利用激光"冷却"原子,可以制造出非常精确的原子钟。假设一个人刚出生时,原子钟开始计时,那么当这个人年过 80 时,这个钟所显示的时间与标准时间的误差还不到五百万分之一秒。现在用于全球定位的卫星上都装有原子钟,有了这些原子钟,人们可以通过卫星确定世界上任何地方所处的方位,精确度在 1 米以内。当人们利用光纤对数据进行传输时也需要使用原子钟,因为光纤传播信号的速度很快,在相隔万里之遥的两地,只有原子钟才能保证电脑的同步运行。

☞ 关键词: 原子　激光冷却　原子钟

什么是自然界的"蝴蝶效应"

18 世纪的法国天文学家、数学家和物理学家拉普拉斯曾经说过,如果有一位天才知道宇宙间所有事物的全部关系,他就一定能说出这些事物的"过去"和"将来",他相信,自然界万事万物的变化发展都是可预测的。确实,很多科学家正是在做各种各样的预测研究工作, 例如天文学家可以预测出今后数十年乃至几百年的日食和月食的发生。而在日常生活中,人们更多的是利用经验和直觉进行预测。一个老练的篮球运动员投篮几乎百发百中，一个乒乓球好手能够准确地接住对方发过来的弧圈球，并加以反击，这都需要依靠他们的预测本领。

人们对从"现在"预测"将来"最熟悉的可能是天气预报了。随着电子计算机和空间卫星技术的发展，人们期待着，人类社会将会从天气的肆虐无常中解脱出来，不仅能预报天气，而且还要控制和改变天气。如果科学家能够造雨和止雨，能按人类意志调动热带风暴，驾驭严寒酷暑，那该多好啊!

然而不久人们发现，天气预报常常只是某种推测，两三天以内的预报可以与实际天气状况基本相符，超过一周的预报就可能与实际天气大相径庭，完全失去预报的价值。美国气象学家洛伦兹在计算机上制造了一个玩具天气模型，仔细研究了两组天气状况，他惊讶地发现，输入结果的微小误差，居然产生出"失之毫厘，谬以千里"的结果。由此他认为，只要在气象上收集到的数据哪怕只有一点点误差（这是不可避免的），从计算机上得到的将会是令人无法估计的后果。1979 年，洛伦兹在一次讲演中用形象的比喻问道:"一只蝴蝶在巴西拍动翅膀，会在美国得克萨斯州引起龙卷风吗?"以后人们就把这种现象称为自然界的"蝴蝶效应"。长期天气预报失去实际价值的原因正是来自蝴蝶效应。

蝴蝶效应不但在天气预报上存在，而且在日常生活中也不乏其例。想象一下，一个完全理想化的台球游戏，当玩球者从某一角度击中一个球以后，桌上的台球一个接一个发生碰撞并向各个不同方向散开。假定击球者严格控制用力大小、方向，他能第二次重复出现第一次的结果吗?他能凭经验预测出某一个台球经过一段时间后会走向何处?不能。这是因为只要他击球时忽略了可能出现的一点点微小的差别，例如桌面的轻微振动,甚至发球者呼气时对台球的微弱影响,他的预测就变得没有意义了。

关键词:预测　天气预报　蝴蝶效应

为什么海岸线的长度是不可能
被精确测量出来的

在我们国家的地图上有着漫长的海岸线,而在地理教科书上又常常写着我国海岸线有多长。海岸线的长度是怎样测量出来的呢?一个最原始的方法就是先确定一个长度的标度,例如为 d,然后从海岸线的一端到另一端,依次测量下去。如果测量的次数为 N 次,那么直观上认为海岸线的总长度应该是 Nd。显然,由于海岸线的形状十分不规则,有平坦的沙滩,也有峻峭的峡谷;有奔腾江河的出口,也有蜿蜒连绵的海湾。

海岸线
有多长?

在一个 d 的标尺直线距离内，肯定有许多弯弯曲曲的细节长度被忽略了。由此可以合理地认为，标尺长度 d 越小，测得的海岸线长度应该越精确。如果 d 越小，测量的次数 N 越大，测得的不规则部分越多，因此用小标尺长度测得的总的海岸线长度比大标尺长度测得的结果要长。那么，一旦当 d 取得很小，甚至接近于零时，总长度 Nd 是不是就应该是海岸线的实际长度呢？科学家们对世界许多国家的海岸线进行测量的结果表明，当人们希望用很小的 d 精确地测量海岸线的长度时，海岸线的长度 Nd 并不接近实际长度，而是随着 d 越来越小，测得的海岸线长度越来越大，这就意味着海岸线长度是不可能被精确地测量出来的。

出现上述情况的原因在于海岸线是由自然的力（地壳变迁，风雨冲刷等）形成的，它不是通常几何意义上的曲线——欧几里得几何曲线。海岸线的主要特征是具有局部和整体的自相似性，也就是如果取任意一段海岸线加以放大很多倍，我们将会得到与整体的真实海岸线形状大体上相似的"海岸线"。为了与通常的几何形状相区别开来，人们现在把像海岸线这样具有自相似性特点的形状称为分形。仔细观察我们周围的自然界，我们还可以找到很多分形的例子，例如夜幕中在天空中划过的闪电、天空中飘浮的朵朵白云甚至人体内部肺和支气管系统的形状等都是分形。科学家已经从分形几何学上对它们进行了研究，得到了许多对自然界的新认识。

☞ 关键词：海岸线　欧几里得几何　分形

什么是反物质

1928 年，英国物理学家狄拉克预测了反物质的存在。狄拉克声称，对于每一种通常的物质粒子，都存在着一种相应的反粒子，两者质量相同，但所携带的电荷相反。这些反粒子可以结合起来形成反原子，而反原子又可进一步形成反物质，宇宙间的所有东西都有其反物质对应物，如反恒星、反星系等。此外，如果一个物质粒子与其对应的反物质粒子碰撞，它们将湮灭，并产生一高能的 γ 射线。

四年后，该理论就得到了证实。美国物理学家爱迪森发现了第一种反粒子，他在用云雾室研究宇宙线时，观察到一种粒子的蒸气径迹，此粒子的质量与电子质量相同，但携带相反的电荷。此粒子被命名为正电子，它是电子的反物质对应物。1955 年，劳伦斯伯克利实验室的物理学家，使用一台粒子加速器产生出反质子。同年，在日内瓦附近的欧洲粒子物理实验室的科学家，通过粒子加速器产生了正电子和反质子，并使它们相结合而生成了反氢原子，但是，整个过程只是很短暂的一瞬间。

近年来，科学家们建造了复杂精密的检测器来搜寻宇宙线中的反物质。反物质探测器在宇宙线中只发现了极少的正电子和反质子，至于较重的反粒子则连影子都没有发现过。但科学家相信，反恒星和反星系仍然有可能藏在宇宙的深处。

☞ 关键词：反物质　湮灭　正电子
　　　　　反质子　反氢原子

什么是暗物质

天体物理学研究发现,在浩瀚的宇宙空间里,我们能够观测到的发光星体（包括发射电磁波中的 X 射线、γ 射线的星体）的质量仅仅只是该空间里物质总质量的一小部分。还有很大一部分质量则是由至今我们还没有弄清楚的什么东西携带着。这种视而不见又确实存在的东西,我们称它为"暗物质"。

科学家对暗物质的认识可以追溯到 20 世纪 30 年代初。1933 年, 瑞士天文学家兹威基在估算后发星系团的总质量时,使用了两种不同的方法:光度法和动力学法。结果用动力学方法算得的质量要比用光度法算得的质量大 400 倍! 如此巨大的误差只能有一个解释:发光星体的质量只是星系团质量的一小部分,还有很大一部分质量不知哪里去了。于是他把这叫做"短缺质量"。

当时这一发现并未引起重视, 直到 1978 年, 一些射电天文学家在系统测量旋涡星系的转动曲线时, 发现离星系中心不同距离处的物体具有相同的线速度。这个观察结果与人们熟悉的太阳系的情况完全相悖。在太阳系里离中心越远的行星,线速度越小。这是著名的开

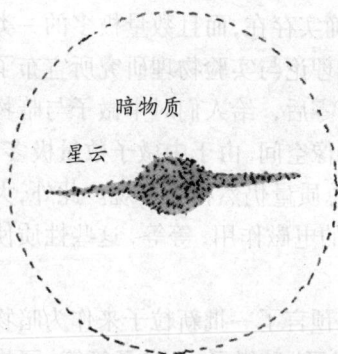

暗物质

星云

普勒定律告诉我们的。而同样受万有引力作用产生的星系周围物体的运动也应该遵循开普勒定律！为此，有科学家提出，只有假设在星系的周围还存在着暗物质，那么观察到的星系运动才能与开普勒定律的计算结果相吻合。由此，在星系的发光物体以外，必定还有大量看不见的暗物质的观念逐步为人们所接受。在这种观点指导下，科学家又发现了存在暗物质的许多证据。例如 1983 年发现距银河中心 20 万光年的 R15 星，视向速度达 465 米/秒。要产生如此大的速度，银河系的总质量至少要比发光区的质量大 10 倍才行。

另外，科学家在对宇宙起源的理论研究中，也确实感到应该有暗物质的存在，才能使他们的理论自圆其说。

那么暗物质究竟是什么呢？对此，科学家有过许多猜想：有人说暗物质是弥散在宇宙空间里的气体，也有人说它是宇宙里的尘埃，还有人猜它是已经变暗的"死星"，甚至可能是黑洞。这些猜想虽然都事出有因，但缺乏有力的证据，未能得到学术界的认同。

在暗物质的众多候选者之中，中微子却最受到人们的青睐。因为它是宇宙之中已知确实存在，而且数量极多的一类粒子。特别是 1980 年，前苏联理论与实验物理研究所宣布了中微子的静止质量可能不等于零后，给人们对中微子与暗物质之间的关系带来了丰富的想像空间。由于中微子数量极多，即使它的静止质量很微小，其总质量仍然相当可观。此外，大多数中微子不发光，只有很弱的电磁作用，等等，这些性质使它都很像是暗物质。

当然，粒子物理学家还预言了一批新粒子来作为暗物质的候选者，如引力微子、光微子、胶微子、Z 微子等等，可惜这些假设的新粒子至今一个也没有找到。看来要揭示暗物质的庐山真面目，还是一个任重而道远的课题。

关键词：暗物质　中微子

什么是中微子

20世纪20年代末，科学家在研究β衰变（即原子核辐射出电子转变成另一种核）时，发现在这个过程中有一部分能量不知去向。这使科学家们不胜困惑：在亚原子过程中，能量守恒定律是否还成立？当时年仅30岁的匈牙利物理学家泡利对能量守恒定律深信不疑，并以非凡的直觉预言：在此过程中，必定还有一种不带电的、质量极小的与物质相互作用极弱，以致无法探测到的新粒子放出来，是它带走了那一部分能量。他把这种未知的粒子叫做"小中子"，就是现在说的"中微子"。

1942年，美国物理学家艾伦按照我国物理学家王淦昌提出的方法，首次通过实验间接证实了中微子的存在。

由于中微子与物质的相互作用很弱，要直接探测到中微子是非常困难的，连泡利本人也认为中微子也许永远也测不到。然而，困难并不能阻碍科学的进展，在泡利提出中微子假说的26年之后，美国加州大学雷尼斯教授等把400升醋酸镉水溶液作为靶液，放入新投入使用的核反应堆中（作中微子源），每小时测得2.8个中微子，与他的理论预测完全一致。雷尼斯也因此荣获1995年诺贝尔物理学奖。

现代宇宙学研究告诉我们，中微子的种类上限为3，即有

3 种中微子。除了上述发现的电子型中微子之外，还有 μ 型中微子（1962 年发现）和 τ 型中微子（1975 年发现），每一种中微子都有相同的反中微子。

中微子究竟有没有质量，是该研究领域中最引人注目的课题。20 世纪 70 年代以前，人们普遍认为中微子的质量等于零。1980 年，前苏联理论与实验物理研究所宣布，经过 10 年的测试，得到中微子的质量在 17 ~ 40 电子伏之间，轰动了全球的物理学界。此后，世界上许多著名实验室纷纷采用不同的方法来测量和检验这个结果。我国原子能科学院的专家也在 80 年代中期开展了这项研究，并取得一定的成果。时至今日，世界上测量中微子质量的实验仍在继续进行之中，就最近报道来看，仍不能排除其质量为零的可能，其质量上限大约为 10 电子伏。

读者也许要问，中微子与物质的相互作用十分微弱，又难以捉摸，研究它有何意义呢？

当然，一个中微子是无足轻重的，但是，在我们这个宇宙中，中微子的数量极多，它充满在宇宙的每一个角落，平均每立方厘米就有 300 个左右，与光子差不多，比其他所有的粒子要多数十亿倍呢！所以，中微子整体对宇宙来说有举足轻重的作用。

另外，中微子还有一种本领，它能够在星球的内部畅行无阻，因此它可以把太阳、星球的内部信息带给我们。科学家们还遐想利用中微子的这种特点，来做地球断层扫描，让埋在地球深处的奥秘一览无遗；还设想让中微子穿透地球传送信息，这样长距离通信就可以不要经过卫星和地面站兜圈子了。显然，当扑朔迷离的中微子一旦被人们完全认识后，它将会获得极其广泛的应用。

关键词: 中微子

怎样观察微小的原子世界

日常生活的各种物质都是由大量的原子化合凝聚而成的,在化学的层次上,原子是构成物质世界的基本单位。那么,如何才能观察到材料中微小的原子呢?迄今为止,通常有两种办法。

一种是所谓衍射的方法, 主要用于观察晶体中原子的排列。用一束射线照到晶体上, 由于晶体中的原子是有序排列的, 因此根据物理学原理, 晶体原子的阵列与射线间的作用, 将会使射线在出射时于某些方向上得到增强而其他方向上减弱, 于是在照相底片或荧光屏上得到一个所谓的 "衍射图样"。科学家们通过对晶体和射线间作用的分析计算,可以非常准确地根据 "衍射图样" 还原出晶体中原子的排列方式, 从而构造出晶体中原子世界的微观图像。在实际研究中,所用的射线束可以是电子束也可以是 X 射线束, 前者称为电子显微术, 能分辨原子的高分辨率电子显微镜就是根据这个原理制成的。

用衍射方法只能观察晶体中的原子世界。对于无机晶体和简单的有机晶体,由于衍射图样的还原工作比较简单,通常可以较容易地还原出它们的原子排列结构图;而对于像蛋白质和核酸等大分子的晶体, 其衍射图样的还原工作涉及的计算极其复杂,因此较难测定它们的原子排列结构图;对于完全无序的非晶材料,目前还无法用衍射方法观察其中的原子和原子排列结构。

与衍射方法不同,另一种称为扫描隧道显微镜的新型仪器,则是利用了电子在原子间的量子隧穿效应,使人们较为直观地"看"到了材料表面的原子,并可以移动、操纵这些原子。在量子隧穿效应中,隧穿电流和原子间的距离有十分敏感的依赖关系。当用顶端只有一个原子的针尖在材料表面移动时,针尖和材料间的隧穿电流是与电子在针尖顶端原子和材料表面某一个原子间的跃迁过程联系在一起的,由此可以分辨出材料表面的单个原子。

扫描隧道显微镜的优点是能较为直接地观察材料表面的原子排列结构,它不仅适用于晶体材料,也可用于多晶和无定形材料表面的研究,但前提是材料必须导电。不过,扫描隧道电子显微镜"看"不到材料内部深处的原子。

☞ 关键词: 原子排列结构　电子显微镜
　　　　　扫描隧道显微镜　量子隧穿效应

人类能操作原子吗

20世纪70年代,电子显微镜放大本领已经达到百万倍。20世纪80年代,扫描隧道显微镜问世。它是由德国物理学家格尔德·宾尼格和海因里希·罗雷尔共同设计制造的,他们还用这台仪器拍摄出放大1亿倍的硅原子三维景观图,这是人类首

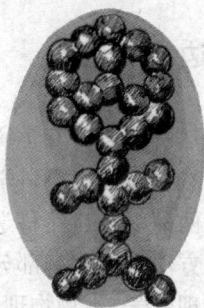
分子人

次真正观察到微小的原子世界。当时,有关新闻报导的通栏标题就是:"原子像土豆"。因此,1986年诺贝尔物理学奖授予半个世纪前发明电子显微镜的鲁斯卡以及创制扫描隧道显微镜的宾尼格和罗雷尔。

扫描隧道显微镜的装备比电子显微镜复杂,它配置有自动控制仪,用以跟踪所要观察的区域,它不仅能观察材料表面的原子结构,而且可以通过针尖和试样表面间的相互作用,对表面的原子或吸附原子进行移出和植入操纵,有目的地使其排列组合,形成图样,其尺寸小到只有几个纳米。最早实现原子操纵的是1990年美国加州IBM研究实验室,他们在镍表面将35个氙原子排列成"IBM"三个字母,每个字母为5纳米尺寸,成为世界上最小的商标。后来,他们又在铂表面上移动一氧化碳分子排列成一个小人图案,称为分子人。图案中每个白斑都是一氧化碳分子,分子直立,氧在上面,分子人高5纳米。1995年有报道说,已经在2厘米×2厘米的硅片上制造了16个扫描隧道显微镜陈列,可同时运作。

不难设想,如果这一技术进一步完善,便可望研制成纳米级量子器件、纳米级新材料,进行超高密度信息存储以及纳米级加工等,这为形成纳米技术这个对未来科技产生重大影响、富有挑战性的新领域提供了物质基础。

☞ 关键词:扫描隧道显微镜　原子　纳米技术

265

什么是科学技术的边缘科学

概括地讲，由两门或两门以上自然科学的分支学科相互渗透所形成和发展起来的科学叫做自然科学的边缘科学。具体地讲，边缘科学是指那些凡两门或两门以上自然科学的分支学科，因在研究对象、范围、理论与方法等方面有部分重合关系而形成和发展起来的科学。如物理化学、生物物理、地球化学、天体物理、生物化学等都属于边缘科学。以物理化学为例，它就是从物质的化学现象和物理现象之间的联系，采用化学和物理学的实验手段相结合的方法，去探求化学变化的基本规律。在现阶段，它主要由化学热力学、化学动力学与物质结构三部分组成。

自然科学的进步，尤其是近二三十年来的迅猛发展，又导致了一系列现代高新技术的产生，像信息技术、新材料技术、新光源技术、新能源技术、空间技术、分子工程、遗传工程等等。由于科学技术化与技术科学化现在已成为一个内在演化的过程，同时，科学发现与技术应用之间的时间滞后已大为缩短，有的用不到几年，有的只要几个月，在一定程度上科学正在变成技术，两者已密不可分，越是高新技术，所包含的科学知识越密集；另一方面，与现代化科学各分支相互渗透的整体化、综合化发展趋势相联系，各个领域的技术相互融合的情况也突出地显示出来。可以说，上述这些高新技术分支都已成为多门科学与技术相互渗透而形成与发展起来的边缘自然科学技术分支，像信息技术一般指的是通信、计算机和控制技术的统称，它就是半导体物理、化学、微电子技术、自动控制技术、激光技术等多门自然科学技术相互渗透、融合的产物。

为什么说真空不是一无所有的空间

我们知道: 空气不空, 因为空气里有我们赖以生存的氧气, 还有氮气、氩气、二氧化碳、其他气体和微量杂质。那么, 真空算不算是一无所有的空间呢?

从理论上讲, 真空中应该不存在任何实物粒子。但事实上, 不管是保存食物的真空包装, 还是进行科学实验的高真空, 都不可能是完全真空。因此, 真空往往指非常稀薄的气体所占有的空间, 真空中, 气体的压强远小于 101.325 千帕。

理论物理学家又告诉我们, 即使在不存在任何实物粒子的完全真空中, 还存在另一种物质形式——场。爱因斯坦曾提出: 真空是引力场的一种特殊的状态。任何物体在离开地面的一定高度上被释放时, 总是朝着地面方向自由下落, 因此, 人们就把具有这种性质的空间称为引力场。物理学认为, 实物和场是物质存在的两种基本形式。场的激发代表粒子的产生, 场的退激代表粒子的消失, 而场的能量最低的状态代表不存在任何粒子的状态, 这就是所谓"真空态"。因此, "真空不空"是一个物理学上的科学结论。

为什么电磁炉要用平底锅

日常生活中,烹饪菜肴大多使用底部是圆弧形的铁锅。而烧饭煮粥,多使用铝或不锈钢的平底锅,似乎没有严格的规定。然而,在电磁炉上烧饭,却要求用户使用平底的铁锅,这是为什么?

原来,这与电磁炉的工作原理有关。

电磁炉主要由变频器、电磁感应线圈、微晶玻璃板等组成。当打开电磁炉上的电源开关,接上市电后,变频器立即把频率为50赫的市电,变成频率是4万赫的高频电流,加在电磁感应线圈上。根据电磁感应原理,线圈周围会形成强大的磁场,磁场的方向会随着加在线圈上电流方向的改变而改变。在电子技术上,把这种方向交替变化的磁场,称为交变磁场。这时候,电磁炉内交变磁场的变化频率也为4万赫。

在如此高频率变化的磁场中,如果放进一块金属片,同样是根据电磁感应原理,变化的磁场又会在金属片表层感应出电流。这种电流的流动方向,似河流中的旋涡,因而得名为涡电流。磁场越强、变化频率越高,涡电流就越大。涡电流在金属片表层流动,就会在金属片表层的电阻上产生热量并散发出来。金属片在单位体积内的电阻值(电阻率)越大,散发出来的热量也越多。把金属片加工成锅子,放在电磁感应线圈旁边,就能把锅子加热,用来烧菜煮饭了。这就是电磁炉的工作原理。

但是,交变磁场在各点上的强度是不均匀的,线圈两端附近的磁场强度最高。而金属的电阻率也各不相同,在同一交变磁场中,铁的电阻约为铜和铝的几十倍。由此可见,为了在锅子中产生更多的热量,提高锅内温度,锅子的底部要加工成平面的,将平底锅放置在电磁线圈上面,比起底部是圆弧形的锅子来,更能靠近电磁线圈两端磁场最强的地方。而使用铁锅,比起铝锅或铜锅,更能大大增加锅中散发出来的热量,缩短烧饭时间。

另外,作为电磁炉炉台的微晶玻璃板,也被加工成平板状,以与铁锅的平底吻合,使平底铁锅能安稳地搁置在电磁炉上。

电磁炉使用安全,没有明火,而且铁锅本身就是发热体,与其他电热炉具相比,电磁炉不仅热得更快,而且更省电。

👉 关键词: 电磁炉 电磁感应 市电
高频电流 交变磁场 涡电流

为什么电饭锅能自动煮饭保温

用电饭锅煮饭,只要将淘洗过的米倒入锅内,加进适量的水,接上电源,揿一下开关,指示灯亮了,电饭锅开始工作。等生米煮成熟饭,指示灯自动熄灭,另一个保温指示灯点亮,说明锅内正处在保温状态。不论多久,锅内的饭温,始终保持在60～70℃之间,不会变冷。

我们知道,电饭锅煮饭时需要的热量,是电热丝通电后放出来的,这与用电炉烧饭的原理是一样的。但是,电饭锅能自动煮饭保温,则要归功于电饭锅内增加的两个自动控制开关:

一个是自动限温开关,另一个是自动保温开关。

当电饭锅通电后,电饭锅内米和水的温度渐渐上升,在米粒煮成熟饭前,由于锅内有大量的水,即使水被煮沸,其温度也保持在 100℃ 左右。而当锅内的米粒渐渐被软化、烘干,煮成了熟饭,温度才会升高,直至超过 100℃。一旦到达 103℃时,设计在这个温度上的限温开关就会自动断开,将电热丝上的电源切断,锅内的温度就慢慢下降了。当锅内温度降至 60℃ 时,保温开关动作,又将电热丝接上电源,锅内温度又渐渐上升;温度升至 70℃,保温开关自动断开,切断电热丝上的电源,锅内温度又慢慢下降;至 60℃,保温开关再次动作,又将电源接上……保温开关如此往复循环地动作,使锅内的温度始终保持在 60～70℃ 之间,正好满足了保温的需要。

在电饭锅中充当重要角色的限温开关和保温开关,分别由双金属片组成,双金属片一边是铁镍合金,另一边是铜镍合金,用机械方法把它们固定在一起。由于这两种金属片的膨胀系数不一样,在相同温度的情况下,铜镍合金片比铁镍合金片

更易受热膨胀。这样,在温度升高时,双金属片就会弯向不易膨胀的一边,出现弯曲,一旦温度降低,双金属片又会恢复原状。利用双金属片这种特性,让它在特定的温度时发生弯曲,就能当做开关用来自动接通电源了。

关键词: 电饭锅　开关　双金属片

为什么干手器能自动开关

饭前便后洗好手,要用毛巾将湿手揩干。有了干手器,只要将湿手往干手器的风口下一伸,干手器开关就会自动打开,一股热风从出风口喷涌而出, 一会儿就将沾在手上的水吹干了。当手离开干手器后,干手器的开关就会自动关闭,真是快捷方便又清洁卫生。

干手器能自动开关,是因为在干手器内,安装了变容式自动感应电路,由它控制着一套电桥平衡电路。电桥平衡电路由四部分组成,技术上称为四个桥臂。变容式自动感应电路,组成了其中的一个桥臂。它的感应部分,安装在干手器的出风口处。当湿手在风口下出现时,因为人体是导电体,也能形成电容,于是,使感应部分的电容量发生变化,立即使电桥电路中四个桥臂的量值,从平衡转向不平衡。原来在平衡状态下,桥臂中能互相抵消的电流,不再抵消,出现了一股新的电流。它能使吸铁继电器动作,接通风扇和电热器上的电源。顿时,一股热风就会源源不断地吹出来。和日常生活中使用的电吹风相比,干手器中仅增加了一套自动控制开关电路。

电源

吹风机

当手离开风口后,感应部分的电容量立即恢复原值,电桥电路也恢复平衡,新的电流消失,继电器复位。没有电流通入风扇和电热器,干手器也就自动关闭。

☞ 关键词:干手器 感应电路
              电桥平衡电路 电容

为什么有些电风扇
能吹出模拟的自然风

空调器出现之前，电风扇是夏天防暑降温不可缺少的家用电器。那时，电风扇的结构比较简单，在一台电动机转轴上，连上四片叶状的风翼。接通电源，电动机转动起来，带动风翼，就会有一股风吹出来。这股风量是不会变化的，不像自然风那样时强时弱。因此，电风扇吹久了，人就会感到不舒服。

虽然，后来又出现了各种变速风扇，吹出来的风量也有了强弱之分。但是，这种变速风扇的风量，只有固定的几档，还需要人工拨定，不会自动变化，这与自然风吹拂在身上特有的那种强弱不断变化的感觉相差甚远。

为了使电风扇能吹出模拟的自然风，只要在电风扇中装进一套用集成电路或晶体管组成的自激型电子振荡器。电子振荡器输出周期性变化的振荡电流信号，去控制电动机上的电压，使加在电动机上的电压，也随之相应地发生周期性的高低变化，从而使电风扇吹出来的风量，也有了由强渐渐转弱，再由弱渐渐转强的周期性变化。这种不断变化的风吹在身上，还真有点自然风的韵味呢。

关键词：自然风　电风扇　电动机
自激型电子振荡器

273

为什么门镜不能从两头看

门镜是安装在大门上的一个非常有用的物品。不用开门，通过门镜，室内的人就能够把门外的景物一览无余，视角可以达到150°以上。如果通过门镜从门外观察屋内，屋内有光亮的话，只能看到一个大小如绿豆的光点；屋内很暗的话，那么什么也看不到了。所以安装门镜的时候，千万要注意别安装反了。

那么门镜为什么会具有这种功能？它的工作原理又是怎样的呢？

小心翼翼地拆开门镜，我们可以仔细地研究一下它的内部构造。它由两组透镜组成，靠近门外的一组透镜由三片凹透镜组成，透镜a是凸凹透镜，因为它的中心部分比边缘薄，所以它仍然属于凹透镜，透镜b、c都是

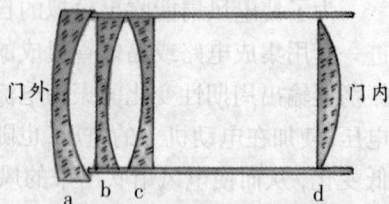

平凹透镜，a、b、c三片透镜紧紧贴在一起。也有的门镜这组透镜是由两片凹透镜所组成或者只有一片凹透镜。镜片的多少对成像的质量有一定的影响。靠近门内的另外一组透镜就是一片凸透镜。

由三片凹透镜组成的这组透镜起着凹透镜的作用。由于是三片凹透镜的组合，所以这种透镜的虚焦距很短，使得门镜的观看视角很大，好像门外的景物全部收到门镜里边来了。假

定 AB 是门外的物体，根据凹透镜的成像原理，在透镜的同侧，形成一个正立的、缩小的虚像 A′B′。

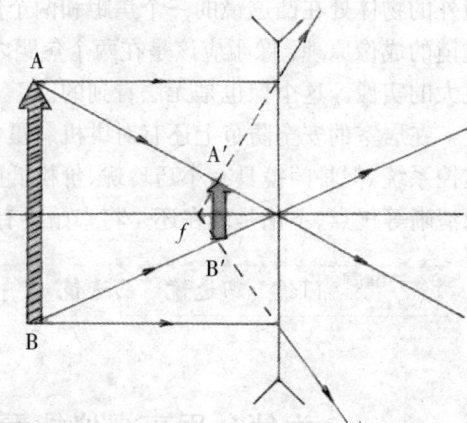

虚像 A′B′ 正好落在另一个凸透镜的一个焦距以内。根据凸透镜的成像原理，又形成了一个正立、放大的虚像 A″B″，而且这个虚像正好落在眼睛的明视范围内，所以室内的人通过门镜就能清楚地看见门外景物。

如果把门镜装反了，从凹透镜组的一边观看凸透镜 d 外的物体，由于凸透镜外的物体一般处于凸透镜的两个焦距以外，根据凸透镜的成像原理，像距应该是在一个和两个焦距之间，是一个倒立、缩小的实像。而凹透镜组却位于凸透镜的一个焦距以内，所以这个像是无法看到的。

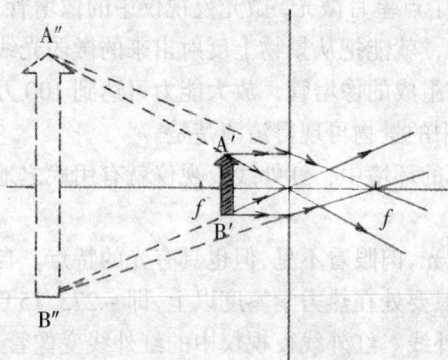

如果凸透

镜外的物体处在凸透镜的一个焦距和两个焦距之间，根据凸透镜的成像原理，像距应该是在两个焦距之外，是一个倒立、放大的实像。这个像也是无法看到的。

在居室的安全防范上还有对讲机、摄像机和闭路电视等监控系统。但是门镜具有小巧玲珑、价格低廉、不耗费能源、成像清晰等优点，不论是现在还是将来始终有它的一席之地。

☞ 关键词：门镜　凹透镜　凸透镜

为什么用夜视仪能看清
黑暗中的景物

要看清黑暗中的景物，光凭肉眼是十分困难的。但是，借助夜视仪，就能在没有亮光，或仅有一点微弱光线的情况下，将景物看得一清二楚。常用的夜视仪有微光夜视仪和红外线夜视仪两种。

夜晚，只要有一丁点星月微光，微光夜视仪中的像增管，通过光电转换和放大，就能把从景物上反射出来的微弱光线增强。由三级放大板组成的像增管，放大能力可达到100万倍，足以将微光环境中的景物再现得清清楚楚。

在完全没有亮光的环境中，红外线夜视仪就有用武之地了。

红外线不是可见光，肉眼看不见，但也具有光的特点。自然界中的各种物体，只要处在热力学零度以上，即 -273.15℃以上，都会辐射出红外线。红外线夜视仪中的红外线变像管，

能接收红外线,通过光电转换和放大,将景物显现出来。这是一种被动型的红外线夜视仪,要依靠景物本身辐射红外线,才能看清黑暗中的景物。

还有一种主动型红外线夜视仪,它能发射出红外线,再接收从景物上反射回来的红外线,这就可以显著提高景物的清晰度。

红外线夜视仪也能在大雾弥漫、能见度极低的环境中,照"看"不误。因为红外线有较强穿透能力,能传播很远距离。有了红外线夜视仪,不打开车灯,司机也能在黑夜驾驶汽车飞奔。在军事侦察、公安防范以及在黑暗中从事动植物观察方面,红外线夜视仪更是具有特殊的用途。

☞ 关键词: 夜视仪　红外线　像增管

277

为什么电子台灯能预防近视

近视眼,除先天性遗传外,还与用眼习惯不良或不注意用眼卫生有关。如在看书写字时,周围光线十分暗弱,眼睛距离书本的距离太近,用眼的时间太长,等等,都能使眼球中的晶状体变形,造成近视眼。

为了预防近视,人们采取了多种措施。包括使用各种对眼睛具有保健和预防近视作用的电子台灯。

这种电子台灯的内部,一般都装有专用的电子控制电路,具有自动警示、调光和定时的功能。

当你在电子台灯前读书写字时,如果眼睛离开书本的距离过近,小于25厘米时,电子台灯就会发出警铃声,甚至将台灯熄灭,以引起注意,提醒你保持正确的读写姿势。

如果书桌周围的光线过亮或过暗时,电子台灯也会自动调节光线的亮度,直到符合要求。而且,电子台灯上的灯罩是经过专门设计的,使光线没有炫光现象,显得十分柔和,眼睛不易疲劳。

另外,开灯45分钟后,电子台灯上的定时器立即动作,灯

光自动熄灭。同时，会放送出一曲悦耳动听的音乐，提醒你该让眼睛休息了。而灯罩上的两只绿色发光二极管，开始交替闪亮，让眼睛随之追踪转动，有助于消除眼睛疲劳。

电子台灯的众多功能，对养成正确的用眼习惯和注意用眼卫生是很有帮助的，起到了预防近视的作用。

关键词：电子台灯　近视　预防近视

电子眼是怎样帮助盲人
"看"到东西的

双目失明的盲人，看不到五光十色的大千世界，在生活、工作和学习中，都会遇到很多的困难。为了帮助盲人"看"到东西，科学家发明了多种电子眼，对盲人起到了助视的作用。

一种是超声波电子眼。蝙蝠就是依靠发射和接收超声波，在空中飞行和觅食。人们从蝙蝠身上受到启发，发明了超声波电子眼。超声波电子眼通常安装在盲人使用的眼镜、电筒或手杖中，电子眼中的超声波发生器，会向前方发射出超声波。超声波是一种声波，它的频率比普通的声波高得多，我们人的耳朵听不见这种声波。超声波在遇到障碍物时，会反射回来，被电子眼中的超声波接收器接收到，再转变成声音从耳机中放送出来。根据声音音调的变化，盲人就能判断出前方大致是个什么样的障碍物了。

还有一种激光电子眼，它的原理与超声波电子眼相似，也有发射器和接收器，只是它使用的是激光，而不是超声波。电子眼中的激光发生器能产生三束激光,分别从高、中、低三个不同高度,向前方发射。遇到障碍物后,三束激光会反射回来,进入激光接收器,再转换成三个音调高低不一的声音,供盲人判别。这就扩展了可"视"范围,提高了助视的准确性。

正在实验中的仿生电子眼,是将摄像机摄录下来的图像转换成的电流信号,输进种植在盲人大脑视神经区的电极中,试图让盲人真正"看"到物体的形状和色彩。

☞ 关键词:电子眼　超声波　激光　仿生电子眼

为什么电子鼻具有灵敏的嗅觉

鼻子能闻出各种物体的气味,这是因为鼻子中生长着许多嗅觉细胞。不同的嗅觉细胞会对不同的气味产生反应,通过神经传入大脑,判断出气味的属性和浓度。嗅觉细胞越多,嗅觉就越灵敏。狗鼻能闻出约 200 万种气味,就是因为它的嗅觉细胞特别丰富。

那么,用电子技术制造出来的电子鼻,为什么也有灵敏的"嗅觉"呢?

原来,在电子鼻中有类似嗅觉细胞的气敏传感器,它是用半导体材料制造出来的。常用的半导体材料有氧化锡、氧化锌等,将它们安装在传感器中时,半导体材料已被加工成粉末颗粒,敷贴在铂金属的基座上,模拟鼻子中千千万万个嗅觉细胞。在有气味的地方,气味的分子会迅速地吸附在已成粉末状的半导体材料表面,使它的电子密度发生变化,导致电阻率迅速下降。气味浓度越高，吸附在这种半导体材料上的气体分子就越多，电阻值下降得也越多。于是，根据气敏传感器上电阻值的微小变化，就能测试出气味的浓度了。

精细制作的电子鼻，具有极高的灵敏度。即使有一千万分之一浓度的气味泄漏在空气中，它也能闻得出来。在防止有毒、有害和可燃气体泄漏的报警设备中，都有电子鼻的用武之地。

关键词：嗅觉细胞　电子鼻　气敏传感器

消毒柜怎样对餐具进行消毒

饭店、酒楼和家庭中，餐具器皿用毕，要进行消毒，才能保持清洁卫生，继续使用。

传统的消毒方法，是将餐具器皿放在锅中蒸煮加热。温度上升到125℃时，餐具器皿上的细菌和病毒，才会被彻底杀灭。这对耐得起高温的陶瓷、金属餐具器皿来说，无关紧要。然而，一些用塑料、玻璃等材料制成的餐具器皿，因耐不起高温，在高温蒸煮的过程中，易变形，甚至发生爆裂。有了消毒柜，这些问题就可以迎刃而解了。

常见的消毒柜有上、下两层。上层采用电子臭氧消毒法，下层采用远红外高温加热消毒法。

上层的消毒柜内，有一组电子升压电路，能形成6000伏以上的高压，使空气电离，产生臭氧。臭氧是一种强氧化剂和杀菌剂，它的原子结构很不稳定，极易逃逸出单个氧原子，充满在消毒柜中，四处飞舞。单个的氧原子遇到餐具器皿上的细菌和病毒，就会立即进入它们的细胞内部，使它们迅速氧化，破坏它们的结构与氧化酶，将它们全部杀死，起到消毒作用。臭氧还能扩散到消毒柜的各个角落，将细菌和病毒"赶尽杀绝"，使消毒更加彻底。

下层的消毒柜内，有一组远红外线发热元件，通电后，散发出的远红外热，最高温度可调节到125℃，照射在餐具器皿上，使细菌和病毒受热而死，进行高温消毒。

使用消毒柜时，要分清餐具器皿的质地和材料，不耐高热的应放置在上层消毒，以免受热损坏。

☞ 关键词：消毒柜　臭氧　远红外线

为什么吊扇与楼板的间距不能太小

阵阵凉风吹来，是空气流动形成的。用人工的方法，也可以让空气流动形成风。日常生活中使用的电风扇，通电后，电动机带动风扇上的翼片快速旋转，使电风扇背后的空气急剧地流向前方，吹出一股强风。

要是将电风扇背后空间封闭起来，空气不能流入电风扇背后空间，即使风扇的翼片不停地旋转，也不会有空气流向电风扇的前方。由此可见，电风扇背后要有宽敞的空间，不能封闭起来，才能使空气畅快地流动，吹出来的风量也不会受到限制。

安装在楼板上的吊扇，也是一种电风扇。它吹出来的风，是自上而下的。如果将吊扇安装在与楼板间距很小的位置，吊扇背后的空间就十分狭小。当吊扇翼片快速转动时，就不会有充足的空气流进上面的空间，也就不能及时而足量地向下流出空气，吹下来的风量就会减小，达不到预定档应有的风量。

因此，安装吊扇时，吊扇与楼板间的距离不要太小，一般应保持在50厘米以上。

☞ 关键词：风　电风扇　吊扇

为什么游戏机光电枪能击中
荧光屏上的目标

玩射击游戏时，用光电枪瞄准游戏机荧光屏上的飞机目标，"啪"的一声扣动枪上的扳机，荧屏上的飞机目标图像，就立即显现出粉身碎骨的情景，好像真的被击中，逼真极了。

其实，光电枪并没有射出子弹，荧光屏上的飞机目标也未被真的击碎。只是在荧光屏上显现了飞机目标被击中时的电视图像，在扬声器中放送出了模拟的爆炸声响。这都是在扣动光电枪扳机的一瞬间，几乎同时出现的结果，显现出了飞机目标仿佛被光电枪击中了的视觉效果。

那么，荧光屏上的飞机目标被击中时的影像，怎么会在扣动光电枪上的扳机时，几乎同时出现的呢？

原来，光电枪与游戏机之间，是用导线连接着的。当你举枪瞄准荧光屏上出现的飞机目标，并扣动扳机的同时，光电枪就会立即输出一个电脉冲信号，通过导线进入游戏机主机中的微电脑。然后,微电脑会马上输出一个控制信号,使荧光屏上有飞机目标处的亮度突然增加,形成一块比其他地方亮得多的光斑。这样,使得光电枪原先正在朝着飞机目标瞄准,变成了现在恰好朝着光斑瞄准。而光斑上明亮的光线,使得光电枪中的光电转换器动作,将光转换成了电信号输出,这个电信号也通过导线进入微电脑。微电脑收到这个电信号,判断出光电枪已经瞄准了目标,微电脑立即从存贮器中调出飞机爆炸时的影像和声响效果,在荧光屏和扬声器中播放出来,显示出飞机目标已被击中。

如果光电枪没有对准荧光屏上出现的飞机目标,即使扣动扳机,在荧光屏上出现的光斑偏离枪口,使光电枪内的光电转换器得不到充足的亮光,而无法转换出电信号输入微电脑,荧光屏上也就不会出现飞机被击中的影像。

这一系列过程中,都是通过光电信号在极短时间内一气呵成的,人眼很难分辨出先后,枪响机毁的情景几乎是在同时发生的,形成极为逼真的视觉和听觉效果。

☞ 关键词: 游戏机　光电枪　光电转换器

为什么有时触摸家用电器的金属外壳会有麻刺感

有时用手指触摸家用电器的外壳,会有一种麻刺感。难道是家用电器发生了漏电? 回答是否定的。这是感应电流造成的。

很多家用电器的内部都安装着电动机、变压器之类的电气设备，它们在工作时，都会产生磁场，如果磁场中有一部分磁力线，穿过附近的金属外壳，根据电磁感应原理，就会在金属外壳中感应出电流来。由于穿过金属外壳的磁通量本身就很少，所以感应出的电流很微弱，进入人体引起的反应不大，只是在手指触摸上去时有点麻刺的感觉。这是一种极轻微的"触电"，不会有生命危险。

对一些经过塑封处理，或者油漆层较厚的金属外壳，因为有较强的绝缘性，感应电流被阻隔了，人手触摸上去就不会有麻刺感。

如果将这类家用电器，按正确要求接妥安全接地线，金属外壳中的感应电流就会流入大地，彻底消除了人手触摸上去的麻刺感。另外，即使万一家用电器发生漏电故障，有较大电流进入金属外壳，它也会通过安全接地线流入大地，不会造成触电事故，危及人的生命和健康。

关键词：家用电器　电磁感应　接地线

为什么电子秤能马上
显示出被称物体的重量和价格

在秤的家族中，有一位后起之秀——电子秤。电子秤在称量货物时，不仅不会短斤缺两，也不会算错金额，既方便又准确。

电子秤是怎样称出物体的重量、计算出货物价格的呢？要迅速显示出被称物体的重量,电子秤首先要将被称物体的重量准确地转换成相应电压量,然后将电压的大小在显示器上用数字显示出来。电子秤中的四大部分:应变传感器、电压放大器、模数转换器和数字显示器,就具备这两种"本领"。

电子秤上使用的应变传感器,是一种用镍金属丝做的压力变阻器。片内的电阻会"随压应变",受到重物压挤时,电阻会变小。这种现象在物理学上称"压阻效应"。

当重物压挂在变阻片上时,变阻片内的电阻迅速改变,并从应变电路上输出相应的电压,物体越重,输出电压越高;物体越轻,输出电压越低。这种电压称作"模拟电压"。经过电压放大器放大和模数转换器最后形成相应的数字电压量,送进液晶数字显示器,迅速显示出被称物体的重量。

要是在电子秤中再装进一个微处理器,它就具备了计算器的功能。只要通过键盘,输入被称货物的单价,显示屏上就会同时显示出被称货物的价格。它计算的原理和普通电子计算器差不多。只是在电子秤中,被称货物重量的数据先通过应变传感器和模数转换器得出,货物单价的数据是用键盘输入的。而在电子计算器上,要获得货物的总价,需将货物的重量和单价两种数据都用键盘输入。

电子秤具有称量迅速、准确和方便的特点,已广泛使用。工业上使用的落地磅秤、吊车秤、料斗秤等都能用电子秤替代,连实验室、研究所在分析测试中也用上了电子秤。在超市里,将电子秤与打印机连接起来,被称货物的重量和价格不仅能马上显示出来,而且还能在纸带上迅速打印出来呢。

☞关键词: 电子秤　压阻效应

为什么不能用变压器
升高或降低电池电压

　　一节干电池两端的电压是1.5伏，如果要得到更高的电压，得把电池一节一节地串联起来。每增加一节，就会增加1.5伏电压。通过增加或减少干电池的节数，可以改变电压的高低，能不能用变压器将电池两端1.5伏电压升高到所需的电压呢？

　　回答是否定的。因为变压器只能用来对交流电压进行升高或降低，而电池送出来的电流是直流电流，总是从电池的阳极流向阴极，在电池两端形成的电压就叫直流电压。

　　为什么变压器如此厚此薄彼呢？要弄清这个问题，我们可以做一个实验。在大铁钉的一端，用漆包线绕上50圈，作为初

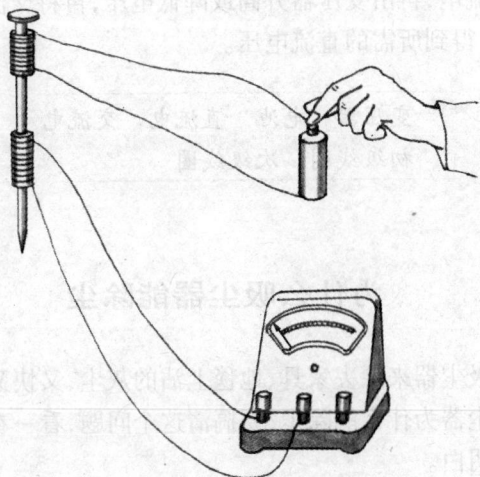

级线圈,另一端再绕上圈数大致相同的另一个线圈,作为次级线圈,这就是一台简易的变压器。将变压器的次级线圈接上电流检测器,初级线圈接上一节 1.5 伏的电池。根据变压器的原理,初级线圈上有电流流过,次级线圈上也应有电流流过。可是,电流检测器的指针只在电池组刚接入(或断开)的一瞬间偏转了一下,以后又迅速恢复静止状态,这说明次级线圈中并没有电流通过。由此可见,直流电压无法用变压器来升高电压。

对直流电来说,当它通过变压器初级线圈时,也会在初级线圈周围产生磁场。然而,这是一种极性固定的直流磁场。磁场的强弱和方向也是固定不变的,不会在次级线圈中感应出电流,次级线圈两端也不会出现电压了。

当然,我们还是有办法用变压器来升高或降低直流电电压,但这必须经过转换。方法是先让直流电通过电子振荡电路变成交流电,再由变压器升高或降低电压,再将交流电经整流和滤波,得到所需的直流电压。

关键词:变压器 电池 直流电 交流电
        初级线圈 次级线圈

为什么吸尘器能除尘

用吸尘器来除去家具、地毯上沾的灰尘,又快又方便。

吸尘器为什么能除尘?要搞清这个问题,看一看吸管吸饮料就会明白。

用吸管吸饮料，是靠大气压的帮助。当我们用嘴吸气时，吸管里的空气会被吸掉，作用在吸管里的压强就减小，这样，吸管外的大气压力就会把饮料压进吸管里，使吸管内的水面上升，我们也就能吸到饮料了。

吸尘器除尘也是这个道理。打开吸尘器，你会看到里面有一台电动机，这台电动机的转速很快，一般在 8000 转/分以上，最高时可达 16000 转/分。电动机的转轴上装着风叶轮和导流轮组成的风叶组，当电动机高速运转时，风叶组跟着旋转，空气从吸尘器里迅速流出去，使吸尘器内部在瞬间形成局部真空。这样，吸尘器内部和外部形成一个压力差，就产生了很强的空气吸力。

如果把手贴近吸尘器的进气口，你会感到有一股很强的吸力，把手紧紧"拉"住，这股吸力就是由局部真空产生的。在这个很强的空气吸力作用下，进气口附近那些尘埃和脏物，会随着气流被吸嘴吸入，然后经过导管进入吸尘器内。这些被吸进来的尘埃和脏物经过过滤网过滤后，留在吸尘器的集尘桶里，空气则透过过滤网，经过风叶组、电动机排出。这样，吸尘器就起到了除尘的作用。

关键词：吸尘器　电动机　真空　压力差

为什么使用有些家用电器时
一定要接好接地线

许多使用 220 伏电压的家用电器，为了安全起见，都要求在它们的金属外壳上接好接地线。特别是洗衣机和电冰箱，在使用时一定要接好接地线。

洗衣机的种类很多，有滚筒式、搅拌式、喷流式，还有波轮式、振动式等等。各种洗衣机都离不开电动机和电气控制线路，它们都是带电工作的。而且洗衣机在使用时，要接触大量的自来水，工作环境比较潮湿。

大家知道，水是导电体，人体触及带电的水，会发生触电事故。如果洗衣机内的电动机或电气线路因为受潮或其他原因使它们的绝缘性能降低，发生漏电，就造成洗衣机外壳的金属部分带电，也会使洗衣机中的金属洗衣槽和各种金属传动、搅拌、翻滚等机件都带电。这时候，洗衣槽中的水也就带电了。要是使用者的手浸入洗衣槽，接触到其中的水，或者偶然碰到洗衣机的金属外壳，就有可能发生触电事故，危及生命。

当然，洗衣机在出厂前，厂方已经对它的电气绝缘性能做过检测，在溢水或者淋水的情况下，洗衣机中带电部分与不带电金属间的绝缘电阻，都在 1000 千欧以上，足以阻止漏电的发生，防止使用者触电。但是，为了预防万一，我们仍然应该采取一项简单的防止触电的保护措施，就是在洗衣机上接好接地线。

洗衣机上接好接地线后，万一发生漏电，不该带电的金属部件带了电，人体即使触及，也会安然无恙。因为电有个特性，它专拣电阻小的通道流走。与人体的电阻相比较，接地线的电阻要小得多，电流就会从电阻小的接地线流入大地。

为了使接地线真正起到保障的作用，要求接地线与大地接触良好，接地线的电阻不得大于4欧姆。

电冰箱与洗衣机一样，也是常接触水或者冰霜，工作环境比较潮湿。电冰箱中的压缩机和电气控制线路也有可能发生漏电，使冰箱外壳的金属部分带上电。因此，为了预防万一，冰箱的金属外壳也一定要妥善地接好接地线。

有金属外壳的微波炉、空调器、电饭煲、电吹风、电热水器、电取暖器、电风扇等家用电器，也要注意接妥接地线。至于音响设备、电视机、影碟机等，因机内的电源部分通过电子电路已与机壳

完全阻隔,可以不接接地线。

关键词:接地线　漏电

为什么洗衣机能把衣服洗干净

有了洗衣机,洗衣服就变得很省力了。

让我们打开一台常用的波轮洗衣机,来看看它是怎样把衣服洗干净的。在洗衣机内有一个带转轮的洗衣桶,桶底有一

个倾斜的转轮,叫"波轮"。波轮的上表面有几条向上凸起的楞辐。在电动机带动下,波轮能以 300～500 转/分的速度作正向或正、反向交替运转。由于波轮上凸楞的作用,水就能在洗衣桶内形成涡流,带动衣服在桶内做旋转涡卷运动。同时,水流在波轮的高速旋转下,还可以获得一定的向心力,迫使水流从桶底沿着桶壁螺旋形上升,在水面上呈喇叭形,从而带动衣服不断地翻滚向上运动,到达水面后又向下沉降。洗衣桶的桶底一般都设计成曲面形,桶壁为大圆角多边形,这种特殊的构造使衣服在洗衣桶中的运动不受阻碍。另外,波轮表面的凸楞还会使水压缩,而波轮表面凹下的部分又会使水舒张,于是,水流就在洗衣桶内产生一种脉冲式的振动,振动频率每分钟可以达到 1000 次以上。

这样,衣服在洗衣桶中,一方面随着水流不断旋转、上下翻滚,衣服与衣服之间、衣服与水流之间,衣服与桶壁之间不停地产生搓揉、冲击,一方面又受到水流每秒钟几十次的脉冲振动,在洗涤剂的去污作用下,衣服上的污垢就脱离衣服,被卷入水中。这种机械式的搅拌、搓揉、振动、冲击,就相当于我们用手工对衣服搓、揉、刷、打几千次。所以洗衣机能代替人工把衣服洗干净。

洗衣机的种类很多,有滚筒式、套缸式、离心式等等,但不管是哪一种洗衣机,它的洗涤去污的原理是基本相同的。

关键词: 洗衣机　波轮　振动

293

为什么微波炉没有火
也能烧煮食物

　　用微波炉烧煮食物可方便了。将生的或冷的食物放入微波炉里，关闭好炉门，一揿开关，食物在微波炉里转上一会儿，就烧热煮熟了。微波炉里没有火，是怎样烧熟食物的呢?这全靠微波，即高频电磁波，作为微波炉的热源。

　　微波是频率为 300 兆赫到 30 万兆赫的电磁波。微波炉实际上就是一台微波发生器，它产生的微波频率是 2450 兆赫。这种微波有一个非常有趣的习性，它遇到像肉类、禽蛋、蔬菜这些饱含水分的食物，微波会"留驻"下来，并且"拖住"食物中的水分子和它一起以相同的频率振荡。食物中水分子的振荡，引起分子与分子之间互相摩擦，摩擦能够产生热量。振荡频率

越高,振幅越大,分子间摩擦越剧烈,产生的热量自然越多。

要知道频率是 2450 兆赫的微波，每秒钟振荡 24.5 亿次。这就意味着食物中的水分子也随着微波每秒钟振荡 24.5 亿次。这种振荡几乎是在食物里里外外各部分同时发生的,因此被加热的食品能够在很短的时间里，里外各部分统统热起来,温度上升到足以把食物由生变熟直至枯焦的程度。

不过,用微波加热食物,得注意不能让它盛入金属容器。原因很简单:微波遇到金属立即全部反射回去。如果将食物盛入金属容器中用微波炉加热,微波被金属全部反射了回去,食物得不到热源加热,怎么会变热、变熟呢。当然,实际上是不允许这样做的,因为不等你看到结果,微波炉已经烧毁了。因为高频微波没有一点损耗而全部反射回去，在电子技术上叫高频短路,后果是使发射微波的电子管阳极产生高温,直至烧红损坏。

了解了微波的脾气,可以"投其所好",用陶瓷、耐热玻璃等材料制成的容器盛装食物。如果加热时间不需很长,可以使用食用塑料容器，甚至纸质容器。搪瓷容器看起来好像是瓷器,其实内心是黑铁皮,当然也不能使用。

关键词: 微波炉　微波　高频短路

为什么用遥控器能对
一些家用电器进行遥控

近年来,家用电器也在走向智能化和遥控化。遥控技术越来越多地应用于家用电器,控制电源开关,是遥控技术在家用电器中最广泛的应用。

家用电器的遥控开关,可以用声波、超声波、无线电波和红外线来控制,应用最多的是红外线遥控。

红外线是一种肉眼看不到的电磁波,波长在无线电波与可见光波之间,约为 0.75～1000 微米。

红外线遥控开关由红外线发射器和接收器两部分组成。发射器就是我们拿在手里的遥控器,遥控器里主要包括调制器和红外线发射管,可以对 10 米范围以内的家用电器遥控。红外线发射管能发射出一定波长的红外线,调制器能把控制开关的低频控制信号"载"在红外线上。所以,从红外线发射器发射出来的红外线,就包含了控制信号。

红外线遥控开关的接收器则安装在家用电器的正面面板上，它里面有接收管、抗干扰电路、解调器、开关控制器等。接收管是一种硅光敏三极管，通过光电效应，能将照射在它上面的红外线转变成电信号。抗干扰电路能鉴别和排除周围环境中的红外线干扰信号。解调器能将"载"在红外线上的低频控制信号"卸"下来，送入开关控制器，使电源开关接通或断开。

红外线好比是飞机，低频控制信号好比是乘客。红外线起到将控制信号从发射器运送到接收器的作用，好比飞机将乘客从甲地载到了乙地。真正起控制作用的，还是红外线上"载"着的低频控制信号，红外线不过是载运控制信号的工具而已。

遥控开关不仅能用来控制电源开关，也能用来控制电视机选择频道、音量的大小、电风扇调速、空调器的温度等。

关键词：遥控器　红外线　调制器　解调器

为什么静电复印机
能把图画文字复印下来

静电复印机是利用正、负电荷能互相吸引的原理制成的。

当一张要复印的图像被放在复印机的稿台上时，在机内灯光照射下形成的反射光，通过由反射镜和透镜组成的光学系统，聚集成像。像正好落在光导硒鼓上，光导硒鼓是一种圆鼓状结构的筒，表面覆有硒光导体薄膜。光导体对光很敏感，

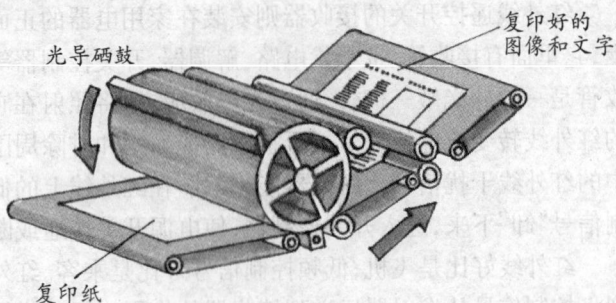

光导硒鼓

复印好的
图像和文字

复印纸

没有光线时具有高电阻率,一遇光照,电阻率就急剧下降。光导体表面,在充电极的作用下,带有均匀的静电荷。当由图像的反射光形成的光像落在光导体表面上时, 由于复印的图像有深有浅, 反射光有强有弱, 使光导体的电阻率相应发生变化。光导体表面的静电电荷也随光线强弱程度而消失或部分

消失，在光导体膜层上形成一个相应的静电图像，也称静电潜像。人们看不到它，它好像潜藏在光导体薄膜层内。

这时，一种与静电潜像上的电荷极性相反的显影墨粉末，在电场力的吸引下，加到光导体表面上去。潜像上吸附的墨粉量，随潜像上电荷的多少而增减。于是，在硒鼓的表面显现出有深浅层次的墨粉图像。

当复印纸与墨粉图像接触时，在电场力的作用下，吸附着墨粉的图像，就会像图章盖印一样，将墨粉转移到复印纸上，在复印纸上也形成了墨粉图像。再将复印纸送入定影器中加热，墨粉中所含树脂熔化，于是，墨粉被牢固地黏结在纸上，图像和文字就在纸上复印出来了。

关键词：静电复印机　静电潜像

为什么用电子琴能奏出
美妙动听的音乐

乐器能发出优美动听的乐音，一般是由于琴弦或琴簧的振动。可是，在乐器"大家庭"中，有一位名叫"电子琴"的新成员却与众不同，在它身上找不到一根琴弦或一片琴簧，却也能演奏出美妙动听的乐曲来。

这是怎么一回事呢？

原来，电子琴的身上装有许多由晶体管、电阻、电容组成的电子振荡器，这些电子振荡器被事先调整在不同的频率上，它们工作时产生的振荡信号，经过电子放大器的放大，就能在扬声器里放出音调不同的声音来。

通常，乐器在发每一个音时，琴弦不只是简单地按固有频率振动（这种振动决定音调的高低，叫基音），还包含许多谐波，它们的频率等于基音的整数倍，所发的音叫泛音。泛音和基音和谐地混在一起，才使得音色丰满动听。同样，电子琴发出的每一个音的电子振荡，也包含着基音频率以及许多泛音频率。而且，电子琴的泛音可以做得比普通乐器更丰富，因此，它的音色也格外优美。

电子琴也有一排类似钢琴上用的键盘，每按一下音键，如"do"音键，就等于接通"do"音振荡器，扬声器就立刻发出"do"

音来。演奏者只要照着谱子按键，就能演奏出美妙动听的乐曲来。

第一架电子琴诞生于 1904 年。今天，电子琴已是乐器"大家庭"里的一位"多面手"，它能模仿许多种乐器发出的声音。人们只要扳动它上面的一些专用按钮，电子琴就能分别模拟钢琴、小提琴、笛子、双簧管、大提琴、军号等各种乐器的音色，听上去惟妙惟肖。运用按钮的控制，一架电子琴甚至能够模拟一个小型乐队的演奏，也就是说，只需一个人演奏一架电子琴，听起来，就仿佛是一个乐队在合奏哩！

采用集成电路技术，电子琴还可以做得更小巧轻便。

☞ 关键词：电子琴　电子振荡器　基音　泛音

为什么空气净化器能净化空气

现代居室和办公室中由于使用了空调，室内的装修材料中也常含有对人体有害的化学物质，而且房间的封闭性能较好，人们在这种房间中待的时间一长，就会感到头昏眼花，身体不适，这对人体的健康确实有害。空气净化器作为一种新型的家用电器，它能清除室内的灰尘、补充空气负离子、吸附有害的化学气体、消除异味，起到净化室内空气的作用，保护人体健康。

空气净化器一般有三种类型：电子式、过滤式和复合式。电子式空气净化器主要是利用晶体管、集成电路等电子元件产生的高压电场，吸附尘埃，杀死细菌；过滤式空气净化器主要使用风扇强制更换室内的不洁空气,在换气的同时,对空气进行过滤、杀菌和净化;复合式空气净化器把电子式和过滤式的长处结合在一起。有的空气净化器还装有空气负离子发生器,空气负离子就是指负氧离子,它能促进人体的新陈代谢、改善血液成分、提高人的免疫力等功能。

空气净化器中一般装有涡轮式风机、各种过滤器、除异味装置等,有的还有除湿、加湿、空气负离子发生器等。

空气净化器进行工作时,涡轮式风机转动,把室内混浊的空气吸入净化器箱体内,在流过1万伏左右的高压静电金属网时,混浊气流中的尘埃就被吸除下来。当气流通过活性炭的纤维过滤器时,活性炭吸收各种难闻的有害的气味。面积20平方米房间的空气净化一次,大约需要30分钟。

同时,空气净化器中的空气负离子发生器也开始工作。在空气负离子发生器中,有一个高压发生器,通电后能形成7000伏左右带正、负极性的静电高压,被传输到上下对称的一排排尖状电极上去,通过尖端放电,使局部空气发生电离,从而形成一定数量的空气负离子,从空气负离子发生器中源源不断地飘逸出来,周围空气中的空气负离子浓度得到提高,使人们顿感空气清新。要是再装进一台小风扇,风扇吹出的气流,还能把空气负离子传送到较远的地方。

空气负离子有改善呼吸功能、增强新陈代谢、促进血液循环和调节神经系统等作用,有“空气维生素”的美称。

空气负离子的作用,通过动物实验也得到证实。科学家让小白鼠呼吸不含负离子的空气,小白鼠很快出现烦躁不安、气喘、疲倦等症状。同样,人们如果长期处在空气中含负离子极少的环境中,也会感到头痛、恶心、精神不振。

据测定,一般大城市室内的空气负离子浓度,每立方厘米仅 40~50 个,而在海滨、森林、山区等旷野之处,空气负离子浓度每立方厘米高达 1 万~2 万个,相差几百倍哩。

关键词: 空气净化器　空气负离子

为什么煤气保安器能防止煤气中毒

吸入过量煤气,会造成煤气中毒。若不及时抢救,就会使人窒息而死。然而,安装了煤气保安器后,就能在发生煤气泄漏时,有效地防止煤气中毒,出色地起到"保安"作用。那么,煤气保安器是怎样工作的呢?

煤气保安器主要由气敏传感器和三组控制开关组成,这三组控制开关分别控制臭氧发生器、换气风扇、警铃的电源。

当煤气发生泄漏,在室内达到一定浓度时,煤气保安器上的气敏传感器就会立即产生反应,电阻值迅速变小,使得流过它的电流迅速增大。几乎在同时,这股电流使继电器动作,继电器上的触点闭合,将臭氧发生器、换气风扇、警铃上的电源同时接通。瞬时间,臭氧就会源源不断地产生并排放出来,与煤气发生化合反应,使室内的煤气浓度迅速下降。同时,换气风扇也在飞速转动,将煤气吹往室外。警铃声也鸣响不断,引起警觉,及时扑救。由于煤气保安器三管齐下,泄漏的煤气也就无法肆虐,有效地防止了煤气中毒。

由于煤气的密度小于空气,它是由下往上流的。因此,臭氧发生器要安装在离地 1.5 米以上的高处, 使臭氧能从上往下流动,加速两种气体化合的速度。

关键词: 煤气保安器　气敏传感器　臭氧

为什么漏电保护器能防止触电

在日常生活和生产中,几乎处处离不开电。

但在用电时,如果不注意用电安全,人的身体直接碰到了带电的导体,或接触到漏电的电器,往往会造成触电事故。这是因为人的身体是导电体,电流通过人体时,如果电流足够大,就会使人触电受伤,甚至危及生命。

如果在用电线路里安装了漏电保护器,当人们不慎接触带电导体,或家用电器自身漏电时,漏电保护器能立即自动切断电源,保障人身安全。

要弄清楚漏电保护器的工作原理,可以先看一个例子。假设有一条连通甲、乙两地的公路,每小时内都有 100 辆汽车从甲地开往乙地,再从乙地返回甲地。公路管理站每小时做一次检查,如果发现某一小时内,驶回甲地的汽车不等于从甲地发出的汽车,就说明道路上出现了事故。

漏电保护器就好比公路管理站,它连接电源的两根导线好比连通甲、乙两地的公路。正常用电时,电流从一根导线流入,经过用电器,从另一根导线流出。如果整个线路上没有故障的话,流出的电流应该完全等于流入的电流。当发生漏电时,流出的电流会少于流入的电流。两根导线上的电流只要达到 8～10 毫安的差异,便立即在漏电保护器内的一组感应线圈上感应出漏电电压，这个漏电电压通过漏电保护器内的电子控制电路放大，推动继电器开关切断电源线上流入的电流。从两根导线上的电流产生差异，到继电器开关切断电源，全部过程最多只需 0.1 秒的时间，而且漏电电流越大，继电器开关动作时间越短。正因为切断电源的时间极快，才能够起到保护触电人不受高电压、强电流击伤的作用，并避免用电器因长时间短路漏电而烧毁的事故。所以，从这个意义上来说，漏电保护器是用电人和用电器的"守护神"。为了人身和财产安全，应该尽可能给电器用具和设备装上漏电保护器。

👉 关键词：漏电　漏电保护器　继电器

为什么防盗报警器会自动报警

在财务金融、商店库房、机要档案等重要场所，若有不法之徒突然闯入，防盗报警器就会立即自动报警：红灯频频闪亮，尖利的鸣叫声震耳欲聋，借以警醒值班员，迅速采取安全保护措施。

防盗报警器会自动报警，是因为它安装着热释红外线传感器，以及一套自动报警设备。

各种物体的温度，只要高于 -273.15℃ 时，都会释放出红外线。人有体温，也不例外。因此，一旦歹徒闯入防盗警戒区域，歹徒身体上释放出来的红外线，经过红外线传感器中的透镜聚焦和光电转换板，就会形成频率为 0.5～20 赫的红外线电脉冲信号。经过放大器放大，信号强度增强后，会触发音频振荡器工作,输出一个频率为 10 千赫的音频电信号。然后,它被调制在 49.7 兆赫的超高频发射机上,通过无线电波发送出去。这时候,远在值班室的超高频接收机就会接收到这个无线电波,通过解调处理,还原出 10 千赫的音频信号,在高音扬声器中放送出来,音调十分尖利。与此同时,告警红灯的电源也被接通,立即发出闪光。声光并举,有效地进行自动报警,起到了防盗的作用。

但是,这种传感器要求安装在离地 2 米左右的高度,对地还要有 15°左右的俯角,才能灵敏地接收到人体上的热释红外线。另外,还要避开热源和阳光直射。

还有一种防盗报警器,能主动发射出经过调制的红外线,照射在需要防范的地方。一旦有歹徒作案,就会将红外线遮挡,使红外线传感器没有电信号转换输出,就会立即启动报警电路,在扬声器中发出尖利的鸣叫,同时红灯闪亮,用声光向值班员报警。

专供家庭住宅防盗设计的自动报警器中,还装有微电脑。一旦有歹徒进入防盗警戒区,热释红外线传感器就会立即输出电信号,送入电脑,接通自动拨号器,用事先录制的语音,拨通离家在外的主人的 BP 机或手机,以及公安局报警电话。

关键词: 报警器　传感器

为什么烟雾传感器能自动报告火警

火灾,危及人民生命财产,破坏生态环境。预防火灾发生,是全人类共同关心的问题。如果能及时报告火警,迅速组织扑救,就能减少损失。而由烟雾传感器构成的报警器,就能担此重任,及时报告火警。

在烟雾传感器中, 安装着一种对烟雾气特别敏感的半导体材料,如氧化锡、氧化锌等,因而亦称它们为气敏材料。在有烟雾气的环境中,当烟雾气的浓度达到一定量值时,气敏材料内部的电阻值就会迅速下降。一旦烟雾气消失,它们的电阻值又会恢复正常。利用气敏材料具有的这种特性,制成的烟雾传感器,就能灵敏地探测到烟雾气的状况了。

简单的火灾自动报警器,是在烟雾传感器的两头,接上电源和蜂鸣器,形成一个电子回路。没有烟雾气时,烟雾传感器内的电阻值较大,流过蜂鸣器上的电流较小,蜂鸣器不工作。一旦发生火灾,烟雾气弥漫时,烟雾传感器中的电阻值迅速减小,流过蜂鸣器上的电流增大,推动蜂鸣器工作,发出鸣叫声,就能自动报告火警了。

在饭店、宾馆、仓库、商店和住宅楼等场所,可将烟雾传感器分别安置在各处需要防火的地方,通过电脑联网,会集在一组报警设备上,就能起到集中控制的作用。

烟雾传感器也能及时探测到森林大火, 是森林防火的忠实卫士。

☞ 关键词: **传感器　气敏材料　报警器**

为什么不开门也能看到门外来人

门外有人敲门或揿门铃，仅闻其声不见其人，若贸然开门，有时会招来不必要的麻烦。为了安全防范起见，在住宅房门上安装上楼宇对讲及电视监控设备，不开门也能看到门外来人。

楼宇对讲及电视监控设备，由安装在门内和门外两部分组成。装在门外部分，有摄像头和专用扬声器。摄像头内装有光电转换镜头，能将景物图像转换成相应电信号输出。扬声器一身兼两用，设计成具有送话和受话双重功能。

安装在门内部分，是电视监视器和电话机。电视监视器也可用家中现有的电视机。室外和门内的设备，要用电缆线连接起来。

当有人在门外敲门时，摄像头就会将来人的影像摄录下来，通过电缆线传输到门内的电视监视器，于是，监视器荧屏上显现出来人的图像。与此同时，通过电话机和扬声器，门内人和门外人就能互相对话，沟通联络，准确分辨出门外来人了。

　　楼宇对讲及电视监控设备，既可安装在单室独户的大门上，也可安装在有成百上千户的整幢住宅、机关、办公楼的进出总门上。按照楼宇内各个房间编号，在总门外安装相应编号的按钮，通过电脑中心联网统管。来人在总门外，只要揿下某个房间编号的按钮，电脑就会把来人的图像和声音信号送进这个房间，供主人联络分辨。如果主人同意来人进门，电脑就会发出指令，开启总门，让来人进来。电脑还能将来人进门时间记录下来，以便查考，更好地起到安全防范的作用。

　　关键词：电视监视器

电子门锁是怎样保障安全的

　　你在银行的自动取款机上操作过吗？只要在这台机器的专用插孔中，插进一张电子卡片，输入个人密码，经过电脑识别操作，就会从该机的出款孔中"吐"出你要提取的现金。如果没有输入密码，或者输入的密码有误，自动取款机是不会运作的。这就保障了储户的安全。

　　电子门锁与自动取款机有类似的功能。电子门锁上也有一个专用插孔，只要插进与这个房间编号相同的电子卡片，电子卡片内存有相应的密码，电子门锁内的自动识别系统读出这些密码，并将它送入微电脑，微电脑将密码与贮存器中相对应的数据核对无误后，就会输出一个控制信号，使门锁上的锁舌松开，门锁就被自动打开了。如果核对后有误，微电脑不会输出控制信号，门锁就不会自动打开，而且会把电子卡片从专用插孔中退出来，使陌生人无法走进房间，从而起到了安全保障作用。在饭店、宾馆客房中，应用电子门锁显得尤为重要。

还有一种电子门锁，除门锁上装有微电脑，具有局部的识别核对功能之外，还通过中继线路，与总服务台电脑中心联网，以寻求更多的识别依据，如：客房租用人姓名、职业、身份证号码、住宿时间等，最后才能自动打开门锁。这样，即使电子卡片遗失，被人拾取。陌生人仅凭这张电子卡片也无法进入客房，起到了更好的安全保障作用。

☞ 关键词：电子门锁　电子卡片　自动识别系统

为什么高层建筑中不宜用
自来水管作安全接地线

家用电器，尤其是使用 220 伏市电的家用电器，为了用电安全，都要求正确地接装好安全接地线。

根据安全用电技术要求，建筑物中专用的安全接地线，必须与大地紧密联接，接地电阻值不得大于 4 欧姆。为此，一般建筑物中都设有安全接地线，它是由一根根几米长的铁棒（最好是电阻率更小的紫铜棒）联接而成，由顶楼直达地面，并埋入地下，再在其周围浇上盐水，铺以木炭屑，以增加与大地的接触面，减少接地电阻。有了专用的安全接地线，即使家用电器发生漏电故障，漏进金属外壳的 220 伏市电，就会通过安全接地线流入大地。人体触及，也能安然无恙。

在没有专用安全接地线的地方，有人常常将自来水管当做安全接地线。因为自来水管是深埋在地下的金属管，一般来说，能起到安全接地线的作用。但是，必须接在靠近地面最近的一段自来水管上，而且要接触良好。

但是，在有些场合，就不宜用自来水管作安全接地线了，尤其是在高层建筑中。因为考虑到自来水水压，一般在三层楼面以上的用水，都来自顶层的储水箱。自来水管是自上而下安装的，从储水箱出来进入各家各户，不是从地面安装上来的，没

木炭屑
紫铜棒
盐水

有与大地直接接触。而且,通往水箱之间的长长自来水管上,还有许多接口,为防漏水,在接口处都用不导电的麻丝或尼龙带封扎,这就使得高层建筑中的自来水管,在电气性能上,根本无法与大地紧密联接,接地电阻极大,用作安全接地线,真是太不安全了。

其实,除了在高层建筑中,一般的建筑物中都要按规定安装专用接地线。家用电器上电源的三芯插头中,有一芯最长的,就是用来与专用的安全接地线联接的,以保证用电安全。需要提醒的是,若将煤气管用作安全接地线,在发生漏电时可能会引发煤气爆炸,反而更不安全。

关键词:高层建筑　接地线

为什么有的收音机
有好多个短波波段

短波电台播出的广播,大多来自异国他乡。

但是,一般收音机通常只有一两个短波波段,接收到的短波电台屈指可数,还时常"挤"在一起,出现串台,播音声时响时轻,很不稳定。用无线电术语来说,这种收音机灵敏度低、选择性差、接收的波段也较狭窄。

国际上规定,无线电频谱中用于广播的短波频率范围为 $2.3 \sim 26.1$ 兆赫。世界各国的广播电台,都可以在这段频率范围内发送短波广播。要是收音机具有足够的灵敏度和良好的选择性,就能接收到世界各国短波电台的广播节目了。

可是，一般收音机的第一短波波段（SW1）为 4～9 兆赫，第二短波波段（SW2）为 9～18 兆赫。总的接收波段约在 4～18 兆赫以内，只占整个短波广播段的一部分，就会把许多短波电台拒之门外。

在收音机的接收波段内，接收灵敏度是不均匀的。在接收波段太高和太低部分，接收灵敏度都比较低。而在接收波段的中间部分，接收灵敏度就比较高。

对一般收音机来说，短波波段的频率范围比较宽。例如，SW1 的波段宽达 5 兆赫。在如此宽的接收波段范围内，接收灵敏度高高低低，很不均匀，这样对所有短波电台就不能做到"一视同仁"。有的电台频率恰巧在接收灵敏度较高的波段内，这个电台就容易被接收到。而那些频率在收音机灵敏度较低波段的电台，要接收到就比较困难了。

再说，每个短波电台播送的无线电波，都有一定频率范围，它在收音机的短波接收波段上只占一定的宽度。选择性优良的收音机收听时，容易调谐出电台，而选择性差的收音机，往往在一个电台旁边紧挨着另一个电台，几个电台挤在一起，好不容易调谐出一个电台，稍一变动调谐旋钮，电台就"溜"掉了。

要能将收音机的短波波段扩展到包括短波广播段所有的频率范围，那就有可能收到短波广播段内的所有短波电台。再将短波广播接收段划分成若干个分波段，对这些分波段采取"分而治之"的办法，分别进行技术处理，使每个分波段内都有均匀和足够的灵敏度，这样，在接收短波电台时，就能对各个短波电台做到"一视同仁"了。而且，在各个分波段内，收音机可以有良好的选择性。现在，有的收音机已有八九个短波分波段,有的甚至高达 20 ~ 30 个分波段。

☞ 关键词：收音机　短波波段　调谐　灵敏度

为什么收音机能选择电台

打开收音机电源开关，转动选台旋钮，你就可以随意选择所要收听的广播节目，多么便利啊！

一只小小的选台旋钮为什么能有这样大的作用呢？

原来，各地的广播电台都在按着自己的频率，根据预先排好了的时间和节目，向空中播送出无线电波。我们坐在房间里，看不见也摸不着这些电波，可是只要备有一台收音机，收音机的天线线圈立刻会感应出各种不同频率的微小电流，等待我们收听时选择。

当你转动选台旋钮的时候,可变电容器也跟着转动起来,这个电容器和共振线圈是联结着的, 它们组成一套选择机构。电容器转到某一个位置,选择机构只让指针所指示的那一个频率的微小电流进来加强,而不让其他频率的微小电流得到加强。如果这时候开关已经打开,得到加强的电流,通过解调,让"卸"下来的广播节目的音频电信号进入收音机的放大器去放大,再在扬声器中转变成声音放送出来。

实际上, 这个由电容器和线圈联结成的选择机构所起的作用,跟振动中所说的共振作用是一样的。在这种选择机构里,可以产生一定频率的电流,当可变电容器所调节的频率和天线线圈里某一电流的频率相等时,就可以发生电的共振,从而使这个频率的电流被选择和加强。

关键词:收音机 无线电波 天线
        可变电容器 共振

收音机能收到电视广播的声音吗

有些收音机不仅能收到全国各地的广播节目, 而且还能收到国外电台的广播,可是却收不到国内电视台的电视伴音广播。

这是由于它们的频率不一样。一般收音机收听的是中波和短波,它们的频率范围是从几百千赫到 20 多兆赫, 波长从几百米到十几米。而电视广播用的是超短波,波长只有几米,因此一般收音机收不到电视广播的声音。

315

如果我们把收音机的调谐回路改到了超短波范围，能不能收到电视广播的声音呢？还是不能。

因为一般广播和电视广播的声音，加到载波上去的调制方法各不相同。一般广播采用调幅制，将声音加到载波上去，是使载波幅度的大小按声音的强弱而变化。收音机收到了这种载波，就按它的幅度变化的规律检出来还原成声音。在电视广播里，声音是采用调频制，也就是说，载波的频率按声音强弱而变化，而载波的幅度是稳定不变的。这种载波即使被收音机收到了，也检不出声音信号来，因为它的幅度没有按声音的规律变化。

怎样使收音机能收听到电视广播的声音呢？只有用能检出调频电波的调频收音机，才能收听到电视广播的声音。当然，这个调频收音机还必须调到电视伴音的频率范围内。

在我国，广播电台发送的调频广播无线电波的频率范围，通常设计在 88～108 兆赫之间。调频收音机的接收频率，也设计在同一范围内。因此，凡是在这一段频率范围内的调频广

播，都能被调频收音机接收到。

根据我国划定的电视频道的频率范围，5 频道电视的无线电波频率范围是 84～92 兆赫，在调频收音机的接收频率范围之内，所以，5 频道电视节目伴音能被调频收音机接收、播放出来。而 20 频道电视的无线电波频率范围是 526～534 兆赫，在调频收音机的接收频率范围之外，调频收音机也无能为力，接收不到 20 频道的电视节目伴音。

关键词：收音机　电视频道　调幅　调频　载波

为什么环绕立体声音响特别好听

从音响设备中放送出来的音乐声，与在音乐厅现场亲耳聆听到的音响效果，是不能相提并论的。这是因为在音乐厅现场，人耳听到的音乐声，既有从舞台上直接传送过来的，也有从大厅周围反射过来的，混合在一起，形成了音色层次极为丰富的环绕于耳旁的效应，具有强烈的立体纵深感。这是一种身临其境时人耳才会感受到的音响效果。

但是，环绕立体声音响却能为你营造身临现场的气氛，感受到丰富的立体声效果，特别好听。这首先要求现场录音时，不能只将话筒安放在某一个固定的位置上，而是采用多声道录音，将多只话筒分别安放在音乐厅现场的各个地方，基本反映出音乐厅内全部的音响效果，这样录制、拷贝出来的音带或唱片就具备了先天的环绕立体声音响效果。在放送的音响设备中，还增加了专门的电子线路，加强了立体声环

绕音响效果。同时，声音是从多个多声道扬声器中放送出来的，也就有了那种仿佛在音乐厅现场才能感受到的音响效果。

　　要欣赏立体声的环绕音响效果，听音室的现场布置也非常重要。应将多声道输出的扬声器箱，分别安置在听音室的四周。尤其是最能体现出环绕立体声效果的两只扬声器箱，要放置在听音者稍后略高的左右两侧的位置上。这样，音乐声就会不断地从前后左右上下放送出来，环绕在听音者四周，使人感受到强烈的环绕立体声音响效果。

关键词：**立体声　环绕立体声　音响效果**

为什么可以用激光来播放唱片

爱迪生发明的留声机经过不断改进，才成为普通的电唱机。电唱机是由马达、唱盘、拾音器和放音器组成。放音时，把唱片放在唱盘上，开动马达带动唱盘和唱片一起匀速旋转，再在唱片上轻轻放下拾音器。唱片上有一圈圈记录声音的纹道，拾音器上有一枚唱针，唱针在唱片纹道里，随着唱片纹道的变化产生振动。这种振动通过拾音器变为电信号，经放音器放大，记录在唱片里的声音就从扬声器里播放出来。

用激光来播放唱片，原理和普通唱机很相似，但是所用的唱片和拾音器却大不相同。普通唱片纹道很粗，能记录的信息量很少。而制作激光唱片时，把激光聚集成不到 1 微米的点，同时把声音等信号转换成数字编码，控制激光在金属薄膜上打出一圈圈代表 0 或 1 的刻痕。这种纹道只有 0.4 微米宽，刻痕深度为 1 微米左右，纹道之间间隔只有 1.7 微米，大约是头发丝的 1/40。这样制成的唱片，表面看不出有纹道和刻痕，透过它表面涂敷的薄薄一层塑料保护膜，看到的是绚丽异常的五彩光芒。要观察它的纹道和刻痕，还必须借助显微镜呢。

在激光唱片表面，像唱针尖这样大小的面积上就有千百个刻痕，用唱针当然无法分辨出来，必须使用激光。把激光聚焦到唱片金属膜的表面上，有刻痕和没有刻痕的金属膜，反射光的本领大不一样。这样，唱片一转动，反射光随一个个刻痕发生变化，经光电管变成由 0 与 1 组成的数字式电信号，再通过检波、放大，还原成原来的声音信号，就能从音响系统里播放出优美的乐曲。

与普通唱片相比,激光唱片具有许多独特的优点。由于它的纹道细微,可以容纳比普通唱片大得多的信息量。一张直径12厘米的唱片,可以放送1小时动听的立体声音乐。它采用数字化技术,制成数字式高保真立体声唱片,失真非常小,而且几乎不会磨损。

关键词:电唱机　唱片　激光唱片　CD
激光　数字化

为什么磁带能录音、录像

录音和录像磁带,都是由一种颗粒十分微小的磁粉,加上黏合剂,很均匀地涂敷在涤纶片基上制成的。这些磁粉颗粒排

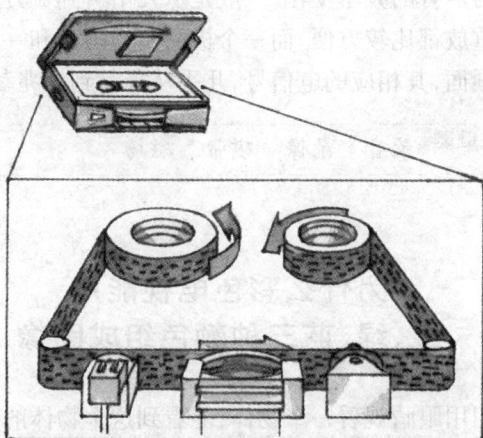

列得很紧密，当受到磁场的磁化时，在它上面就会留下剩磁，剩磁随着磁场强度的变化而变化。磁带进行录音或录像时，就是把声音或图像通过话筒或电视摄像机，先变成相应的电信号，再把这些电信号，通过录音机或录像机的磁头，变成磁场的强弱变化。磁头是一个特殊的电磁铁，磁头尖上有一个很窄的缝隙，当磁带在磁头缝隙里通过的时候，信号电流通到磁头线圈中，贴在磁头缝隙里的磁带上就有磁力线通过，磁带被磁化，电信号的变化就通过磁场的变化记录在磁带上。在重放时，与上述过程相反，即把磁带上记录的磁场的强弱变化，还原成相应的电信号，再把这电信号经过处理和放大后，送到扬声器或电视监视设备的显像管上，便能放出声音或显示出原来的图像。由于录音、录像磁带的工作原理一样，所以，录像磁带录像时，同时也可以录音。

当然，录像磁带的生产，要比录音磁带复杂得多也严格得多。因为声音的频率变化，一般是从几十赫到 2 万赫的范围，记录和重放都比较方便。而一个极简单的画面和一个极复杂、细致的画面，其相应的电信号，几乎从零赫到几兆赫。

👉 关键词：录音　录像　磁带　磁场

为什么彩色电视能用
红、绿、蓝三种颜色组成图像

人们用眼睛观看一个物体，能看到这个物体的颜色，是因为这个物体发出来的光线，或者从它表面反射出来的光线，进入眼睛，在眼球底部的视网膜上形成图像。光线刺激视网膜上的感光细胞，感光细胞感受到的信息由神经系统传到大脑，产生了视觉。感光细胞有两类，一类柱状的细胞对光线的亮暗比较敏感，另一类锥状的细胞对光线的颜色比较敏感，当然，颜

色也是在一定亮度的情况下才能识别的。在夜晚，即使有月光，进入我们视线的树木、房子等景物，要想分辨出它们的颜色也是很困难的。

物理知识告诉我们，光是一种电磁波，不同颜色的光有不同的波长，人眼能够看到的电磁波称为可见光，波长最长的可见光是红色光，波长最短的可见光是紫色光。波长比红色光还长的称为红外线，波长比紫色光还短的称为紫外线，红外线和紫外线对人眼来说是"视而不见"的。

早在17世纪，科学家就发现了光的分色和混色现象。他们把一束白色的太阳光照射到一块玻璃三棱镜上，光束经过三棱镜后，便依次分成红、橙、黄、绿、青、蓝、紫七种色光。反过来，将这七种色光叠加混合起来，又会变成白色光。由此得出结论，日光是一种复色光。

人眼对色光的主观感觉和物理学上的客观分析不完全一致，这种差别称为错觉。尽管是错觉，人的头脑却"将错就错"。比如说，我们看到的白光，可能是由上面讲到的七种色光混合而成，也可能是由洋红、黄和深蓝三种色光混合的，甚至可能是黄色光和蓝色光两种光混合而成的。混合成白色光可以有许多种方案，但结果同样是白色光。人眼的主观感觉不能区分白色光是由哪几种光混合成的，只能借助于分色棱镜，才能确定组成这种白色光的成分。

白色光最少能用两种色光叠加而成，那么要重现五彩缤纷的大千世界，千千万万种鲜艳的颜色，是不是也能够用两种基本色光来叠加呢？科学工作者经过大量实验和研究得出结论：用两种基本的色光，按照不同的强度搭配，可以重现多种色光，这种方案虽然简单，但效果却不理想，重现出来的颜色品种不多，也不很鲜艳。科学工作者用红、绿、蓝三种色光作为基色，确定了三基色原理的基本内容：所有自然界中的各种彩色，都可以用三个基色按一定的比例混合而获得；红、绿、蓝三种基色相互独立，其中的任何一色不可能由其他两种基色混合而得；三种基色在混色中的比例就能够决定混合色的饱和度和色调。

根据三基色原理，科学工作者确定了彩色电视机中色彩传送的工作方案，要传送和重现自然界中的千差万别的各种色彩，就不再需要寻求各种颜色的光，只要分解和混合三个基色就可以了。电视信号在发送前把各种景物的色彩分解成不同比例的三种基色，经过编码的三种基色与其他信号，如声音、亮度、扫描频率等，用高频无线电波调制以后，通过发射天线向空中发射。彩色电视机收到电视台发送的电视信号以后，对电视信号进行解调和解码，在得到三种不同比例的基色后，分别把它们送到显像管的红、绿、蓝三把阴极电子枪中，各把电子枪发射的电子分别击中所对应的红、绿、蓝三点荧光粉。这三点荧光粉距离非常近，人的眼睛无法辨出这三个点，只能看清三点的混合色。

当你打开彩色电视机电源开关，荧屏上显示出图像的时候，你凑近荧屏，用一个放大镜仔细观察一下，会发现上面有许许多多彩色的长方形亮块，每三条为一组，紧挨着组成一个方块，每个方块中都有红、绿、蓝三种颜色，但不同的方块中红、绿、蓝三种颜色的亮度不一定相同。这三条紧挨着的红、绿、蓝长方形亮条叠在一起，又和邻近的方块连成一片，显示出五颜六色的图像，色彩丰富极了。

彩色电视机就是这样通过红、绿、蓝三种基色，再现了自然界的五光十色。根据人们的不同喜好,我们可以调节色饱和度的大小,来改变颜色的饱和度。

> 关键词:感光细胞　彩色电视机　基色
>
> 原色　三基色

为什么看电视时
人与电视机要保持一定距离

看电视的距离,是指人的眼睛离开电视机荧屏中心点的距离。这个距离的长短,要根据电视机荧屏大小来决定。一般估算,这一距离应该是电视机荧屏高度的 7~8 倍,如果是 35 厘米的电视机,观看距离约为 1.8~2 米,47 厘米电视机的观看距离约为 2.2~2.6 米。

眼睛距离电视机荧屏太近了,荧屏上的图像反而模糊。这是因为电视机荧屏上显现出来的图像,是由千千万万个小光点组成的,这种小光点称为"像素",它是由高速电子束,通过扫描,轰击在荧屏上产生的。要是离荧屏太近,荧屏上像素都暴露无遗,图像看起来反而模糊。

另一个原因,离开电视机荧屏太近了,荧屏上过亮的光线刺激眼睛,会损害视力。这与不能在强光下看书,是同样的道理。

还有一个很重要的原因,离开电视机荧屏太近了,人体容易受到从荧屏上泄漏出来的 X 射线的辐射,使健康受到影响。

电视机工作时,高速电子轰击显像管荧屏,会从荧屏上激发出 X 射线。显像管尺寸越大,工作电压越高,产生的 X 射线也就越多,尤其是彩色电视机。

电视机显像管是精心设计制作的,在显像管的玻壳中添加了能吸收 X 射线的金属铅的成分,玻壳也浇铸得特别厚实,但仍会有极少的一部分 X 射线泄漏出来。人距离荧屏远一些,照射到的 X 射线就弱一些。如果与荧屏保持适当距离,从荧屏射到人体上的 X 射线就微乎其微,不会损害健康了。

另外,在观看电视时,除了要保持一定距离外,还要注意人眼的高度应略高于荧屏,一般约为荧屏中心点以上 3~5 厘米处,这样看起来省力,眼睛不会感觉疲劳。

关键词: 电视机　显像管　荧屏　像素　X 射线

326

为什么有的电视机有画中画功能

　　一台电视机只有一个屏幕，一般也只能收看一个频道的节目。可是，有一种具有画中画功能的电视机，可以在正常收看某一频道节目的同时，在屏幕上辟出一个小画面，收看另一频道的节目。

　　电视机是如何实现画中画功能的呢？

　　原来，这种电视机具有两套各自独立的信号接收系统。大画面的信号接收系统与一般的电视机没什么两样，小画面信号接收系统除了能接收信号，进行放大、解码等处理外，还要比一般接收系统多一个存贮器。这两套接收系统接收、处理后的信号，通过同一套扫描系统在屏幕上显示。要使大小两个画面在同一屏幕上显示，必须要使它们的扫描时间完全一致。然而，电视机的扫描系统是跟大画面的显示一致的。小画面接收系统需要把接收、处理后的信号先在一个地方存放起来，到需要显示时再取出来。这就是为什么小画面信号接收系统要多一个存贮器的道理。

　　小画面信号接收系统的存贮器是由几片大规模集成电路组成的，它很像一个有着许多货位的大仓库。当需要在同一屏幕上显示出大小两个画面时，大画面上某一位置的内容就会被自动抹掉，好像开了块"天窗"。电视机从存贮器中取出信号，变换成图像信号，填补到这片空白的位置处。这样，就能同时在同一屏幕上显示出大小两个画面来。这个填补显示过程，与我们平时做填充练习题很相似。整个过程是由一个专门的控制电路来控制的。小画面的输入动作与电子束的扫描有着严格的时间对应。当电子束扫描到某一行相应的位置时,就能自动把小画面信号从存贮器中取出,恢复成图像信号,接入相应位置,而在其他位置仍然接上大画面的信号,这样,在同一屏幕上,两个频道的节目就能同时显示出来了。由于控制信号几乎是同时产生的,前后相差仅仅是百万分之一秒,因此,我们的视觉是无法察觉到的。

收看时,大画面的伴音由扬声器播放,小画面的伴音可以用耳机来收听。必要时,大小画面的节目还可以互换。这种具有画中画功能的电视机不仅能给人们的生活增添乐趣,在教学、科研、工业、交通运输、医学等方面,也有着广泛的应用前景呢。

☞ 关键词:电视机　画中画

什么是液晶显示电视机

看过电视的人大多会有一种感觉,电视机的荧屏越大,图像越壮观。不过,电视机的荧屏大了,电视机显像管也得随着放大尺寸,增加耗电功率,这就使得电视机的体积变得十分庞大,质量成倍增加。一台74厘米的大屏幕彩色电视机少说也有40~50千克,要想挪动它一下是够艰难的。因此,用原来的材料生产大屏幕的显像管电视机是有限制的。电视技术科研人员已经设计出用液晶材料做成的电视图像显示板。

制作这种液晶显示器的主要材料是液晶,液晶的性质介于液体和晶体之间,既有液体的流动性,又有晶体的各向异性。正是液晶这种奇特的形态,才使它具有十分灵敏的电光效应。在磁场和电场的作用下,液晶的分子会重新排列,由透明变为不透明体。这种特异的性能恰好能满足制作电视图像显示器的要求。

液晶显示电视机的主要构成是一块液晶电视显示板,它的制造工艺非常简单:在两块同样大小平整的光学玻璃薄片之间,填充入一层厚度为 10 ~ 15 微米的液晶材料,把它四边密封以后,一块液晶电视屏幕就做成了,它的厚度仅为普通显像管电视机的 1/20 ~ 1/30,重比显像管电视机减轻 80% ~ 90%。而且玻璃面积多大,电视画面就有多大,真正达到直角平面的标准。

液晶显示电视视频信号,不需要像显像管那样耗费很多的电能,只要一块西莫斯(CMOS)集成电路就能直接驱动,实现黑白或彩色的显示,所以这种显示器需要的电能极少,可以用干电池供电。一般小屏幕的液晶显示电视机,4 节五号电池足够收看 10 小时电视节目。另外,由于液晶显示板是平的,而且厚度很薄,这就使制造大型挂壁式电视机成为现实。

现在,国际上已经制成了从 6.5 厘米至 76 厘米的彩色液晶电视机。一块 3.2 米 × 4.3 米分辨率高达 600 万个像素的高清晰度超大屏幕液晶彩色电视显示板已经问世,在室外较强光线下,显示板的图像对比度仍很好。

关键词: 电视机　液晶显示电视机　液晶

329

什么是数字电视

数字电视将成为今后电视的发展方向，我国目前在实验范围内已取得了成功。真正的数字电视,不但电视接收机系统是由数字处理系统代替原来的模拟处理系统，而且从电视台或人造卫星发射的高频无线电波中的电视信号已不是模拟信号,而是数字信号了。

我们国家现在使用的电视系统属于模拟电视系统。模拟电视系统对电视信号的处理,可以认为是对电视信号进行"复制"的过程,家中的电视机收到电视台发送的高频电视信号以后,进行放大、解调、解码,使声音、图像、色彩还原。如果传送的线路较远,接收的环境恶劣,就会出现声音不清晰、图像扭曲变形、色彩失真等毛病。

数字电视系统采用了先进的数字信源压缩编码技术、信道纠错编码技术和数字传送技术。它对要播放的电视节目中的声音、图像、色彩等模拟信号必须先经过取样、量化、编码,转变成数字信号，数字信号就是二进制数 1 和 0 两个数字所组成的字符串。再经过压缩,用高频无线电波调制以后,通过天线对外发射,或用有线电缆把信号传送出去。用户必须使用真正的数字电视接收机来接收这些信号。数字电视接收机对收到的信号进行放大、解调、整形还原出数字信号,由于采用了纠错编码技术,电视机能够自动纠正由传输等原因产生的数字错误,再经过数字信号到模拟信号的转换处理,播出的图像更逼真,色彩更自然,音响也更具现场感。

总之，数字电视比模拟电视优越的地方是：一、高质量的声像效果。数字电视采用高清晰度的制式，图像质量更为清晰。二、传播功能增多，传送的信息量增加。随着技术的进步，一旦建成了真正意义的数字电视系统，人们将拥有上千个电视频道可供选择，人们还能点播想观看的电视节目，还能与计算机网络相联接，承担起计算机的部分功能。

目前在我国的市场上，可以看到不少电视机厂出品的"数字化电视机"，有关方面的专家早已澄清，从模拟电视到数字电视的过渡大约需要依次经历数字控制、数字处理和全数字化三个阶段。目前我国的彩电生产技术大致处于前两个阶段，所以，市场上还没有一台真正的数字接收机。同时，我国还没有一家电视台播放真正的数字电视节目。现在市场上的"数字化电视机"，只是在电视机的局部电路采用了数字化处理，改善了图像和声音的播出质量，所以不是真正的数字电视机。

☞ 关键词：数字电视　模拟处理系统
数字处理系统

为什么电冰箱能制冷

电冰箱主要由制冷系统、控制系统和箱体三大部分组成。其中最重要的是制冷系统，由压缩机、冷凝器、干燥过滤器、毛细管和蒸发器等组成。它们以压缩机为中心，连接成一个循环的闭路：压缩机→冷凝器→干燥过滤器→毛细管→蒸发器→压缩机。制冷剂就在这个环路里循环流动。氟利昂就是最常用的制冷剂，可由于氟利昂会破坏大气的臭氧层，影响人类的生存环境，现在，人们已经使用新的制冷剂代替氟利昂，生产出新一代绿色冰箱。

压缩机内有电动机和气缸，接通电源后，电动机高速旋转，驱动气缸中的活塞作往复运转，发出有节奏的响声。它源源不断地吸入蒸发器中处于低温低压的气态制冷剂，并在气缸活塞的强大压力下，将它们压缩成为高温高压的气体，然后送至冷凝器。

冷凝器具有快速散热的功能。它有弯弯曲曲的管道和密密层层的翼片，与空气接触的有效面积很大，热量会很快地散发到空气中去。高温高压的气态制冷剂通过冷凝器散热，温度有所下降，但压力仍然很高，从气体变成了液体。干燥过滤器位于冷凝器的下部，用来过滤液态制冷剂中的污物和吸附其内含的水分。经干燥过滤的液态制冷剂涌进又细又长的毛细管。毛细管是一段内径仅为 0.2～0.3 毫米的螺旋形细铜管，它起一种节流作用，使液态制冷剂进入蒸发器。

蒸发器

干燥过滤器

冷凝器

毛细管

压缩机

蒸发器是一个管径比毛细管大得多的金属腔体，安装在冷冻室内。从毛细管到蒸发器，在接口的地方，管径突然从小变大，液态的制冷剂进入蒸发器时，仿佛进入了一个无拘无束的"广阔天地"，压力顿时降低，液态的制冷剂迅速蒸发为气体，大量吸收冰箱冷冻室内的热量。

这时，蒸发器中处于低温低压状态的气体制冷剂再度被压缩机抽吸进去，进入下一个制冷循环。这样周而复始，经过一个又一个的制冷循环，电冰箱内的温度慢慢下降，直至达到规定要求的制冷温度，压缩机才自动停止运转。

由此看来，电冰箱制冷，是靠压缩机运转，推动制冷剂进行制冷循环，制冷剂在蒸发器中大量吸收热量，"夺"走了冰箱内所贮食物热量，又通过冷凝器转移到箱外，散发在空气中。所以，压缩机和冷凝器的表面是很热的。电冰箱安放时，要求离开墙面 10 厘米以上，就是为了帮助冷凝器散热。

电冰箱的控制系统，主要有温度控制、化霜控制、压缩机内电动机启动控制、电动机安全运行控制等。控制系统能够保证制冷系统正常工作。

电冰箱的箱体具有极好的隔热性能，它把电冰箱分隔成一个与外界隔绝的空间。电冰箱里一般分成冷冻室和冷藏室两部分，电冰箱的蒸发器安装在冷冻室，所以冷冻室里温度较低，冷藏室里的温度比冷冻室要高一些。食品放在电冰箱里，就可以进行冷冻或冷藏了。

关键词：电冰箱　制冷剂　压缩机
冷凝器　蒸发器

为什么空调器既能制冷又能制热

冷暖两用型空调器，夏天能制冷，冬天又能制热，真是方便极了。

空调器制冷，是利用制冷剂从液体蒸发成气体的过程中，吸收周围的热量，这与电冰箱制冷的原理是一样的。

在空调器内，主要有压缩机、冷凝器、干燥过滤器、节流毛细管以及蒸发器等，与电冰箱内制冷部分的构造基本类似，只是空调器上的冷凝器是安装在室外的，可将热量散发在室外，而将整个室内变成了一个"大冰箱"。

当空调器开始工作时，压缩机将低温低压状态的气体制冷剂压缩成高温高压的气体，送入冷凝器，装在室外的冷凝器，具有快速散热的功能，制冷剂在冷凝器中，温度下降了，但压力依然很高，从气体变成液体。液化后的制冷剂，再经过干燥过滤器，除去杂质和水分后，流进节流毛细管，在这里，制冷剂的压力骤降，一下子冲入紧连着的蒸发器中，这时，液体的制冷剂迅速蒸发为气体，从周围大量吸收热量，制冷剂又变成低温低压状态的气体，进入压缩机，进行下一个制冷循环。因为蒸发器是安装在室内的，所以，制冷剂在蒸发器中吸收热量的同时，室内温度就慢慢地下降了，起到了制冷的作用。

那么空调器怎样才能起制热的作用呢？其实，只要把空调器中安装在室内的蒸发器变成冷凝器，而把安装在室外的冷凝器变成蒸发器，空调器就能从室外吸收热量，向室内散发，实现制热的作用。要使空调器完成这种转换，除了要使用制冷时的全部器件外，还要增加一只制冷剂换向阀门。制热时，只要控制阀门开关，使压缩机中流出来的高温高压状态下的气体制冷剂，不是先流向室外的冷凝器，而是先流向室内的蒸发器，人为地让蒸发器替代冷凝器。高温高压的气体制冷剂流入蒸发器，蒸发器上的温度就会骤升，通过风扇吹风，迅速向周围散发热量，使室内的温度慢慢上升，起到了制热的作用。同时，制冷剂的温度下降了，压力依然很高，从气体变成液体。液体的制冷剂将流向冷凝器，在冷凝器中完成减压、蒸发过程，因此制冷剂在冷凝器中要吸收周围的热量。如果室外是冰天雪地，气温已下降到低于冷凝器上的温度时，冷凝器就不能从周围环境中吸收热量，空调器就无法制热了。这是使用空调时需要注意的。

用空调器制热，比起其他电热器具来，它的电热转换效率要高得多。

> 关键词：空调器　制冷剂　制冷　制热
> 压缩机　冷凝器　蒸发器

为什么电冰箱和空调器临时停机后要等三五分钟才能接通电源重新启动

在电冰箱和空调器使用说明书上，往往可以读到厂方告诫用户的注意事项：切断电源后，需等 3～5 分钟以后，方可继续使用。这是为了保护电冰箱和空调器的"心脏"——压缩机不受损坏。

压缩机主要由电动机和汽缸组成。汽缸中的活塞、连杆和电动机连接在一起。电动机运转时,带动活塞在汽缸中往复循环,将汽化的制冷剂压缩成高温高压状态,输送到冷凝器中去。如果突然停电,或切断电源,压缩机就会突然中止运转。此时,冷凝器中的制冷剂仍然有着极高的压力,汽缸中也存有压力很高的制冷剂。如果这时立即接通电源,因为汽缸内滞留着高压气体,电动机必须具有很大的启动力才能驱动活塞运转。这样,进入电动机的电流就会一下子增大,使电动机做出更大的功,推动活塞克服高压制冷剂的阻力,在汽缸中运转。这时,电动机的负载太重,受到的冲击电流太强,就有可能烧坏电动机,损坏压缩机。

在电冰箱和空调器停机后,等 3~5 分钟再接通电源,此时汽缸和冷凝器中的高压制冷剂已经通过毛细管渐渐流向蒸发器,汽缸内压力变低,压缩机中的电动机可以在正常情况下开始运转,就不会发生损坏压缩机的事了。

现在,有些生产厂家将一种自动调压器安装在电冰箱和空调器内,专门用来保护电冰箱和空调器的"心脏"——压缩机。当突然停电又马上来电时,它会自动延迟 5~7 分钟后再将电源接通。

☞ 关键词:电冰箱　空调器　压缩机　冷凝器
　　　　　制冷剂　汽缸

为什么电冰箱的门
和体壁都是厚厚的

不知道你注意过没有：家里用的电冰箱的体壁和门都做得厚厚的，一般有 40 ~ 80 毫米。这样的设计虽然在外形上略显笨重，但在隔热保"冷"的功效上，却显得十分必要。

大家知道，热量总是从高温物体传向低温物体，它不可能自动地从低温物体传向高温物体。而且，温度相差越大，传递得就越快。冰箱内和冰箱外的温度相差很大，冰箱外的热量一个劲儿地想往冰箱内跑。可是，冰箱外的热量在往冰箱内跑的过程中，遇到了厚厚的冰箱体壁和门，热量在传递过程中，对于同一种材料，传递所经过的距离越大，传入的热量就越小。而这里，热量传递所经过的距离就是冰箱体壁和门的厚度。因此，冰箱的体壁和门做得越厚，隔热保"冷"的效果越好。

当然，电冰箱的隔热保"冷"效果，除了与体壁和门的厚度有关外，也与体壁和门的材料性质有关。同样厚度的木材和塑料，就会有不同的效果。因此，厂家在制造电冰箱的体壁和门时，要选择使用隔热效果良好而又轻薄的材料。这样，电冰箱的体壁和门就会又轻又薄，使电冰箱少占空间，还能节省电力。

关键词：电冰箱　热量传递

什么是绿色电冰箱

普通的电冰箱主要由压缩机、冷凝器、蒸发器等组成,还要有一种叫氟利昂的制冷剂参与,制冷剂在压缩机、冷凝器、蒸发器之间来回流动,在气态与液态的交替变化中,发生散热和吸热的物理现象,使电冰箱达到制冷效果。所以,氟利昂作为制冷剂,在电冰箱中是不可缺少的。

氟利昂在电冰箱内往复循环流动,时间久了,难免会从接口缝隙或受腐蚀的管道孔洞中散逸出来,挥发在空气中。电冰箱不能制冷,大多是氟利昂因渗漏而减少的缘故。一台电冰箱泄漏出去的氟利昂是微不足道的,但全世界千千万万家庭中的电冰箱泄漏出去的氟利昂,就会相当可观。大量的氟利昂进入大气平流层,在太阳光中的紫外线强烈照射下,能分解释放出氯原子,氯原子与臭氧层中的臭氧发生反应,会消耗掉大量臭氧分子,使臭氧层出现空洞,太阳紫外线就会从空洞中乘虚

而入，透射在地球上，破坏地球生态环境，危害人类身体健康。因此，国际环境保护组织已规定：各国在 2020 年之前，全面禁止在电冰箱中使用氟利昂。

所谓绿色电冰箱，就是不再将氟利昂作制冷剂的电冰箱。这样，就避免了氟利昂对地球大气臭氧层造成破坏。为此，在绿色电冰箱中，要选用不会破坏臭氧层的化学气体来替代氟利昂。更好的办法是另辟蹊径，干脆将制冷剂和压缩机、冷凝器、蒸发器等统统不要，应用半导体制冷器来制造电冰箱。

所谓半导体制冷器，就是紧密相连的两种不同属性的半导体材料，它的制冷原理是应用了珀耳帖效应。1834 年，法国科学家珀耳帖发现：当两种不同属性的金属材料或半导体材料互相紧密联接在一起的时候，在它们的两端通进直流电后，只要变换直流电的流通方向，在它们的接头处，就会相应出现吸收或者放出热量的物理现象，起到制冷或制热的效果。因此，应用珀耳帖效应制成的半导体制冷器，就能制造出不需制

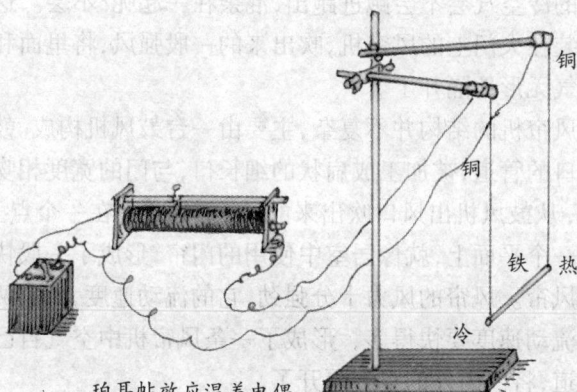

珀耳帖效应温差电偶

冷剂的绿色电冰箱了。

应用半导体制冷器的绿色电冰箱，不但彻底根治了氟利昂破坏臭氧层的源头，而且它还具有制冷速度快、体积小、没有机械和管道、无噪声、可靠性高等优点，能方便地实现制冷和制热，有着十分广阔的发展前景。

☞ 关键词：电冰箱　绿色电冰箱　制冷剂　氟利昂
　　　　臭氧层　半导体制冷器　珀耳帖效应

为什么风帘机
能将门内外的空气隔开

夏天，走在马路上，酷暑难当。但走进开着空调器的大商厦，顿感舒适凉爽。外面是热空气的世界，里面是冷空气的天地。然而，你有没有想过：商厦的大门敞开着，外面的热空气与里面的冷空气会不会跑进跑出，混杂在一起呢？不会。这是由于安装在大门上的风帘机，吹出来的一股强风，将里面和外面的空气无形地隔开了。

风帘机的结构并不复杂，主要由一台鼓风机构成。鼓风机出风口的管道，被加工成扁状的细长口，与门的宽度相吻合。因此，从鼓风机出风口吹出来的风，不是集中在一个点上，而是在一个平面上，就像居室中使用的门帘，形成了一股快速劲吹的风帘。风帘的风力十分强劲，它的流动速度，比它两旁的空气流动速度要快得多，形成了一条风帘机中空气自己流动的通道，将门内外的空气隔开了。

风帘机与冷暖两用空调器组合起来,夏天会吹出冷风,冬天会吹出热风。安装了微电脑的风帘机,还会自动调节风速和温度,使用时就更舒适方便了。

☞ 关键词:风帘机 空气流动

"傻瓜"照相机是如何拍照的

提起"傻瓜"照相机,可别望文生义,它可是用先进的电子技术装备起来的。它的正式名称是:小型便携式全自动平视取景照相机。

使用普通照相机时,先要根据周围环境的亮度,调整好快门的光圈和速度,然后要根据拍摄景物的远近,调节好镜头的

焦距。这都需要一定的技巧,因此,要拍摄一张令人满意的照片,可不是一件容易的事。

如果使用"傻瓜"照相机,就简单方便得多。只要将照相机的取景框对准要拍的景物,一揿快门,一张清晰的照片就拍好了。因为"傻瓜"照相机中安装了一套电子程序式自动曝光装置,它能在揿动快门的一刹那,完成自动测量光亮度、自动调节快门的光圈和速度、自动对焦距等全部过程。

电子程序式自动曝光装置,主要由测光器、曝光控制电路、亮度告警电路和程序控制器等组成。拍照时,测光器中的光敏元件,先将从景物上反射出来的光线,转换为电信号,送入曝光控制电路。根据已预置的胶片感光度,进行分析对比后,曝光控制电路随即输出一个指令信号,分别送入亮度告警电路和程序控制器。

在程序控制器中,已预先设置好了程序,按照快门速度与光圈尺寸,一一对应排列配对。如果景物上的亮度足够,送入程序控制器中的指令立即生效。它就会从多种程序中,取出一对适合环境的快门速度和光圈尺寸,并快速地将它们调整好。此时,你只要揿下快门按钮,随着"咔嚓"一声,一张照片就拍好了。如果景物上的亮度不够,告警指示灯闪亮,闪光灯会自动打开,使景物周围有充足的亮度,程序控制器才会起作用。

"傻瓜"照相机拍照时,要有充足的电力供应,两节 1.5 伏干电池,可拍一卷 36 张的照片。一旦电池电压下降,"傻瓜"照相机就不能工作了。

关键词:照相机　傻瓜照相机　自动曝光装置

为什么一次成像照相机拍摄后
立刻能取得照片

照相的工作原理已经不是秘密。照相底片上涂有一层感光材料——卤化银乳剂,卤化银乳剂感光后,就会留下潜影。受到感光的卤化银,在显影液的作用下,还原成金属银,变成黑色的颗粒,堆积在片基上。还原银的多少,是由感光的强弱决定的。感光强的部位还原的银粒多,感光弱的部位还原的银粒少,这样就能在底片上形成具有明暗层次的物体影像。底片上各部分影像的黑白程度正好和被摄物体的明暗程度相反,即物体明亮的部分,在底片上呈黑色;物体暗的部分,在底片上呈透明。这种影像就被称为"负像",这种底片就是"负片"。

照片上没有被还原的卤化银,在冲洗过程中被洗掉了。要是它们不被洗掉,其形成图像的深淡程度正好和被还原成负像的卤化银相反,是一幅正像。如果不将这些卤化银洗掉,而是将它们保持原来的部位和数量,扩散到另一张底片上去,然后进行显影、定影,那么不是就能得到一张正像的照片了吗?

一次成像的感光材料是由两种片基组成。上面一层的片基是负片,它的表面涂有含银量高、涂层薄的卤化银感光剂;下面一层的片基是正片,表面涂有一层由活性炭、硫化物、胶料等组成的接受层。两层片基中间隔着一只盛有药浆的塑料袋。药浆由显影剂、定影剂、卤化银溶剂、胶料等配制而成。负片受到感光后,两层片基同时从一对滚轴中压过,塑料袋被挤破,药浆均匀地涂布在负片和正片的叠合面上。这时,正、负片之间发生一系列迅速的化学反应。在负片的乳剂层中,感光部分的卤化银还原生成金属银,留在负片上;未感光部分的卤化银被药浆溶解,扩散到正片的接受层上,与接受层中的硫化银等催化剂接触,还原成金属银,在第二层片基上,形成我们需要的正像。这样,就得到了一张黑白照片。至于一次成像的彩色照片,其基本原理也是这样,不过它的感光材料和化学反应过程要比黑白照片复杂得多。

与一般照相机相比,一次成像照相机的镜头和快门没什么两样,装胶片的机身则与众不同,为了转印和压破药包,机身上有一对不锈钢的滚轴,正、负片基就从这对滚轴中碾压下通过。

一次成像胶片是盒装的,每盒8张。拍摄时,片盒装在机身后部。拍摄后,先拉出引纸,使正、负片正面叠合,再把片子从一对滚轴间隙中拉出。过几秒钟,将正片从负片上揭下,再涂上一层上光浆,就能得到一张光亮平滑的照片。

一次成像摄影立等可取,具有摄影快速、节省银盐等优点,在国防、科研、医疗和新闻报道等方面都有着广泛的应用。

关键词: 照相　感光　显影　负像
　　　　负片　正像　正片

为什么利用激光可以治疗近视眼

由于看书写字时不注意用眼卫生,很多人尤其是青少年患了近视眼,并不得不佩戴眼镜。虽然戴眼镜可以帮助患者提

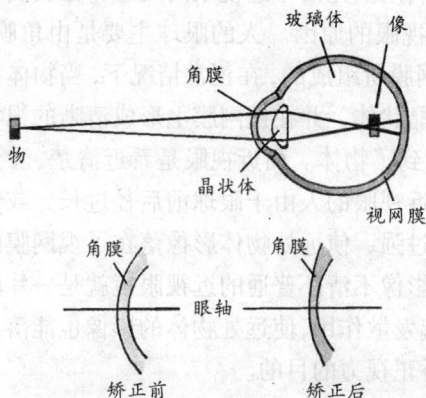

玻璃体
像
角膜
物
晶状体
视网膜

角膜　　　　　　　　角膜
　　　　　眼轴
矫正前　　　　　　　矫正后

高视力，但是，戴眼镜毕竟给日常生活带来许多不便，况且眼镜不能起到治疗近视眼的作用。因此，很多年来，利用物理手段寻找有效的治疗近视眼的科学方法一直是物理学家和眼科医生的共同心愿。

20世纪70年代初，前苏联的眼科医生就发明了通过外科技术治疗近视眼的医疗技术，它是用手术刀在角膜上划呈辐射状的道道，以改变角膜的弯曲程度，达到矫正屈光度的效果。后来发明的激光刀具有操作更方便、更容易控制及刀口更平滑等特点，人们很快就用激光刀代替了外科手术刀，发明了新的更安全有效的用激光刀治疗近视眼的医疗技术。

为了进一步了解利用激光治疗近视眼的道理，让我们先简单地看一下造成近视眼的原因。人的眼球主要是由角膜、晶状体、玻璃体和视网膜所组成的，在正常情况下，当物体发出的光线经过角膜和晶状体，并在视网膜上形成清晰的视物图像，这时，眼睛就看到了物体。而近视眼是看近清楚、看远模糊的视力缺陷。患近视眼的人由于眼球前后径过长，或角膜和晶状体的屈光力过强，使远处物体影像落在了视网膜的前面，造成视网膜上影像不清。普通的近视眼镜就是一片凹透镜，凹透镜对光线起发散作用，使远处物体的影像也能落在视网膜上，从而起到矫正视力的目的。

与戴眼镜不同的是，用激光治疗近视眼是利用激光技术来改变角膜的弯曲程度，以达到使患者看清物体、矫正视力的目的。手术中使用的是氟化氩准分子激光器，它能发出波长为193纳米（1纳米 = 10^{-9} 米）的紫外线激光。激光可以在电脑的控制下，一个分子一个分子地对角膜的表面进行"加工"，是一把特别精密的"手术刀"。激光之所以有这样的功能完全是因为激光与通常的灯光相比，具有单色性好、方向性好、相干性好以及可调谐性和可调制性等一系列特点。

用激光技术还可以用来矫正远视和散光等其他屈光不正的毛病，而且手术时间短、无痛苦、精度高、后遗症小。目前，已有美国、德国、英国、日本、中国等10多个国家进行了激光治疗近视眼的临床实践，有几十万近视眼患者接受了治疗，成功率在93%以上。

☞ 关键词： 激光　近视眼

什 么 是 DVD

DVD 就是数字式激光视盘。它与 DVD 机配套使用,能播放出高质量的影像节目。它是在激光唱片,即 CD 片的基础上发展起来的。但 CD 与 CD 机配套,只能放送出音乐声音节目。同样是在 CD 片上发展起来的另一种激光视盘 VCD,虽能播放影像节目,但储存的信息容量没有 DVD 大。同样一张盘片,VCD 只能播放一部电影,而 DVD 却能播放好几部电影。而且,DVD 的图像质量也是卓越超群、无与伦比的。

在 DVD 机上播放 DVD 片影像节目的工作原理,与 CD 机或 VCD 机是相同的,都是利用激光束在盘片的刻痕上进行扫描,根据从刻痕上反射回来的激光束的变化,经过光电转换,将光信号变成电信号,再经过数字技术处理,在荧屏和扬声器中放送出图像和声音,让人们欣赏到影视和音乐节目。

激光盘片上的刻痕,是在工厂里录制节目时刻制上去的。它与录制时的信息量大小有关,刻痕越多,储存的信息量越大,放送出来的节目数量也会越多。然而,CD 片上的刻痕无法刻制得很多,因此,它只能播放出音乐声音节目,而不能播放影像节目。因为代表影像节目需要的信息量,比起音乐声音节目来要多得多。而 VCD 盘片上的刻痕,虽比 CD 片上来得丰富,已能播放影像节目,但与 DVD 比起来就少得多。这是因为在 DVD 片上采取了更多的技术措施,还采用了更先进的数字压缩技术。

从 DVD 片表面上看,光洁如镜,似乎与 CD 片或 VCD 片没有两样。但是,在显微镜下可以发现,它的刻痕又细又密,其细密程度大大超过 CD 片和 VCD 片。而且,刻痕的刻制面,从单独的一条,变成上下两条,形成双通道激光束反射面。同时,在盘片的背面,也刻制了刻痕,使得一张盘片上储存的信息量成倍地增加。为了能够读取 DVD 片上细密的刻痕,照射在刻痕上的激光束,也被处理得更细、更窄,使激光束能准确地聚焦在刻痕上面。

另外,在制作 DVD 盘片时,在信息处理方面,也采取了更先进的数字压缩技术。它能根据影像的状态,分辨出是频繁变化的,还是静止缓变的。然后,根据前者包含的信息量大、而后者包含的信息量小的特点,进行不同程度的压缩,再分别刻制在盘片上。而不像 VCD 片那样,不论影像画面是单调静止的,还是活动复杂的,都进行相同程度的压缩,并等量地刻制在盘片上。从而使面积有限的盘片得到充分拓展,增加了盘片信息贮存量。

但是,DVD 在播放影像节目时,要用高清晰度电视机和多通道高音质的功放与音箱,才能尽显 DVD 的魅力。

```
关键词:激光    数字压缩技术
       激光唱片   CD    激光视盘    VCD
       数字式激光视盘    DVD
```

什么是模糊家电

在家用电器上,有各种功能的控制开关。功能越多,控制开关也越多,操作起来很不方便。而且,稍有疏忽,揿错了一个控制开关,就会影响家用电器的正常工作,因此,操作起来要十分小心,不能马马虎虎。

但是,应用模糊逻辑技术设计的家用电器,也就是模糊家电,只要打开电源总开关,不需要一个个地拨动各个功能控制开关,它就会按照使用者的具体要求,自动地进行工作。因为在模糊家电中,装着各种功能的传感器和微电脑,存贮着一套根据模糊逻辑理论设计的电脑程序,模拟人们在使用家用电器时的操作习惯,自动进行判断和处理,还具有学习、记忆和寻优的"智能"。它在工作时,虽然从各种传感器中获得的信息,存在着许多不确定的因素,但经电脑程序控制,都能以确定的因素参与运作。它不需要人们直接送入指令,拨动各种功能开关进行操作。即使它在运作时发生异常情况,电脑也会自动发出指令,迅速进行调整,不会损坏家用电器。

有一种模糊洗衣机,你只要打开电源开关,将脏衣服放进去,它就会自动工作了。因为洗衣机上的各种传感器,会把要洗衣服的数量、肮脏程度等,一一输入电脑。电脑就会从存贮器内上百条的程序中,选择出一种适合当时情况的最佳程序,确定洗衣粉的种类与数量、用水量、洗涤时间、漂洗次数、水流方式等,去控制各种功能开关、定时器和洗衣桶转速等,使洗衣机自动工作,直至将脏衣服洗干净。

模糊家电工作起来一点儿也不"模糊",为什么叫它模糊家电呢?这是因为在模糊家电的设计过程中,运用了数学上的模糊逻辑理论。

早在20世纪20年代,就有科学家提出了模糊逻辑的理论。在现实世界中许多问题的界限是不清晰的甚至是很模糊的,如"高个子的男人",多高才算高个子,并没有一个确切的数字。人们为了实际的目的,需研究这些不清晰的、模糊的问题,使其清晰化,以获得有用的结果。这一研究中所使用的逻辑称为模糊逻辑。

到了 20 世纪 70 年代,模糊逻辑从理论发展成一门专门的模糊逻辑技术,应用在工业生产中。以后,这种技术又很快被应用在家用电器上,并获得迅速发展。彩色电视机、电冰箱、电炊具、吸尘器、空气净化器、音响设备等等,都已成了模糊家电中的新成员。

☞ 关键词:模糊家电　模糊逻辑

关键词汉语拼音索引

数字及外文字母

图书在版编目(CIP)数据

物理王国/宣桂鑫主编.—上海：少年儿童出版社，
2011.10
（十万个为什么）
ISBN 978-7-5324-8901-5

Ⅰ.①物... Ⅱ.①宣... Ⅲ.①物理学—儿童读物
Ⅳ.①04-49
中国版本图书馆CIP数据核字 (2011) 第217199号

十万个为什么

物理王国

宣桂鑫 主编

总策划 李名慈　总监制 周舜培
陆 及 费 嘉装帧 韩鹤松 李品鑫 林凤生 图

责任编辑 靳 琼　美术编辑 赵 奋
责任校对 陶立新　技术编辑 陆 赟

出版 上海世纪出版股份有限公司少年儿童出版社
地址 200052 上海延安西路 1538 号
发行 上海世纪出版股份有限公司发行中心
地址 200001 上海福建中路 193 号
易文网 www.ewen.cc　少儿网 www.jcph.com
电子邮件 postmaster @ jcph.com

印刷 山东新华印务有限责任公司
开本 787×1092　1/32　印张 11.75　字数 254 千字
2014 年 8 月第 1 版第 4 次印刷
ISBN 978-7-5324-8901-5／N·938
定价 20.00 元